小学生优秀课外读物

如何塑造出完美的自己

做优秀的自己

宽仁

姜忠喆　竭宝峰◎主编

辽海出版社

责编:刘波

图书在版编目(CIP)数据

做优秀的自己/姜忠喆,竭宝峰编. 沈阳:辽海出版社,
2015.11

ISBN 978 7 5451 3586 2

Ⅰ.①做… Ⅱ.①姜… ②竭… Ⅲ.①成功心理青
少年读物 Ⅳ.①B848.449

中国版本图书馆 CIP 数据核字(2015)第 282438 号

做 优 秀 的 自 己

姜忠喆,竭宝峰/主编

出版:辽海出版社	地址:沈阳市和平区十一纬路 25 号
印刷:北京华创印务有限公司	字数:480 千字
开本:880mm×1230mm 1/32	印张:40
版次:2016 年 4 月第 1 版	印次:2016 年 4 月第 1 次印刷
书号:ISBN 978 7 5451 3586 2	定价:168.00 元(全 8 册)

如发现印装质量问题,影响阅读,请与印刷厂联系调换。

前　言

　　浓缩传统智慧精华的成长故事,可以使我们获得来自心灵的启示,让我们拥有人生的大智慧,甚至可能改变一个人的命运。一则好的故事可以教育我们知晓生存的意义;一则好的故事可以让我们以新的方式去体会大千世界、芸芸众生;一则好的故事可以改善与他人的关系,怡人性情。在面临挑战、遭受挫折时,读读这些故事,相信你能从中汲取力量;在烦恼、痛苦和失落时,读读这些故事,相信你能从中获取慰藉;读读这些故事,相信你能鼓起梦想的风帆。

　　为此,我们辑录成书——《做优秀的自己》,全书共八册,多以古代传统故事组合形式各自独立成篇,选取最有代表性的加以编排整理,在每一则故事的后面,我们都配有简短的点评,希望能给本书的读者一点点帮助。但我们深深知道,故事所包含的智慧远远不止这一点点,不同的人可能有不同的见解,仁者见仁,智者见智。我们只希望小小的点评可以起到抛砖引玉的作用,通过读者自己的思考融会贯通,以求得对自己全面的、系统的了解。切忌断章取义,只抓住一句话就作判断、下结论。我们相信读者能从故事中感知到更多的人生成长启示。

关于本书的辑录

1 感恩——我怀感恩的心

人，要常怀有一颗感恩的心，去看待我们正在经历的生命，悉心呵护。我们应该感恩出现在生命中的人、事、物，是他们让生命更有意义，显示出生命别样精彩。

2 宽仁——我学宽厚仁爱

人，活在世上就要学会宽仁，学会原谅别人，这是一种文明、一种胸怀，对人宽仁心胸宽广，帮助别人快乐自己。别人若是不小心犯了错误，而不是明知故犯，就要原谅；对朋友要热情，遇到需要帮助的人一定给予帮助，凡事往好的方面设想，多看到别人的优点，不贬低别人。

3 正直——我要正直诚信

正直是我们的一种优秀品德。正，就是说话做事正确，坚持正义去主持公道。这样的人就会得到别人的爱戴，这样的人就有了一身正气、一身正能量。

4 责任——我来管好自己

责任就是能担当，就是接受并负起职责。对于我们就是首先要管好自己、对自己负责，这样才能走向成功，相反的就会误人又害自己。这就需要我们有十足的信心和勇气好好用知识来提高自身的素质。

5 尊重——我会尊重别人

尊重是人与人之间和美相处的前提,尊重别人才能赢得别人对自己的尊重,尊重别人就是尊重自己。你对别人的尊重会在那个人心中留下美好的印像;那么,别人也会好好对待你。

6 勤奋——我也可以最棒

生命中能有所成就,靠的就是勤奋。一分耕耘一分收获,只有辛勤的付出才有喜悦的收获,不要以为自己比别人聪明就不需要勤奋学习,那样做只会使自己退步。只有坚持不懈的努力学习,我们才能成功。

7 自信——我能面对艰难

自信就是一种思想、一种感觉,就是对自己的肯定。拥有了自信就拥有了力量,我们可以时时暗示自己:我能行;我是最棒的;我不退缩不恐惧就一定能成功;我会更加优秀的。学会欣赏自己、表扬自己,找到自己的优点、长处来激励自己。

8 乐观——我想快乐无忧

人,在任何情况下都应该保持乐观的心态。乐观对待事物,我们的生活才可以无忧无虑,才能轻松愉悦。面对生活中的种种难处都要乐观面对,以平淡和乐的想法去处理,这样你的一切就会充满阳光。

目录

第一章
宽容别人不纵容自己

宽容，一旦被心灵之炉冶炼成一个带有刻度的量杯，那人们胸怀的深浅就一目了然了。

宽容别人是一种肚量。

"人是社会关系的总和"。社会之网环环相扣、结结相连，加之现代人不知犯了哪根神经，大都变得越来越想突出自己的个性。诸如，你的左脚踩了我的右脚、口没遮拦冒犯了尊严之类的事就层出不穷。这时候就看被得罪者是小肚鸡肠还是肚里能行船的宰相了。因为你宽容了别人，就等于给别人留下了一个道歉、改过的机会，有利于今后双方在各自领域或者各种场合产生一种良性的互动。而且，宽容别人的同时，自己的心境也随之得到了某种程度的放松。

宽容自己是一种修养。

我们容易犯的一个常识性错误，就是"宽人难，律己更难"。

有了错事，宽之容之；有了失误，容之宽之。那些对自己疏于修养的人，无形之中把宽容当成了一根扯不断的橡皮筋。殊不知，宽容是有限度的。否则过分地对己宽容就变成了纵容。人一旦纵容了自己，那就等于走进了生命的沼泽地。对己正确的宽容，理应是有了过错，不过分地悲观失望甚至绝望。你既要深刻地认识自己所犯的过错，也要原谅自己那颗烦燥的心，不是消极地退守而是积极地对待。倘若你以这种修养来理解"宽容自己"这四个字的含义，那你的人生定会炫丽多彩。

别人的嫉妒可以激励我们更加上进；别人的攻讦可以教会我们更加谨慎；别人的贬低可以使我们学得更加从容；别人的中伤可以使我们变得更加超脱。许多看似对自己很不利的事情，只要处置得当，不仅会使我们更加成熟，而且可以加快我们成才的步伐。

——读书札记

张知常为人宽厚

宋朝人张知常德才兼备，广受人们尊敬。

张知常幼年时期就有着十分广阔的胸襟。当他还在学堂里读书的时候，有一回家里托人捎带了几两金子给他，和他同一学舍的书生趁他外出之机，撬开他的书箱把金子偷走了。学官召集了全馆舍的书生进行搜查，最后找到了金子。谁知张知常却不肯认领，还一口咬定："那金子不是我丢失的。"学官感到很不理解，只好把金子还给了偷盗的书生，然后把张知常单独叫到外面问话。

学官好奇地问道："金子的数目明明和你丢失的相符，那偷盗的书生表情相当不自然，这不正好证明金子是他偷的吗？为什么你不肯指认呢？"

张知常低头不语，于是学官继续说道："你一定是有什么顾虑才不肯承认金子是你的，如果信任我的话，不妨在这里说出来，我保证金子的事到此为止，从此不再追究。怎样？"张知常这才缓缓说道："听说与我同舍的书生，他父亲最近病得十分严重，需要钱买药治疗。我本来是准备周济一下他的。现在为了他的名声，我决定隐瞒此事，请学官成全！"学官听到这番话，觉得非常欣慰，他赞赏地拍拍张知常的肩，由衷地说："我为有你这样的学生而自豪！"

同舍的那个书生也被张知常不认失金的行为所打动，等到夜晚，满脸羞愧地将金子笼在袖子里归还于他。张知常知道这个书生贫困，就拿出一半金子送给了这个书生。

后来,张知常做了大官,成为当地一位仁厚德高的长者。他无论办案或处事总是把老百姓利益放在第一位,时时替他人着想,并常常教育家里人时刻注意帮助那些有困难的百姓;至于有人损害到他的利益,他却全然不在意,总是能够宽恕别人的过失。

有一天,张知常从外边办完公务回来,路过自己的私宅时,见栗园中有人正在树上偷摘栗子。张知常连忙勒住马,掉头绕道十三四里路回到家中。家里人询问他怎么回来得比平常晚,他于是将经过告诉了妻子:"假使我经过那里,偷栗的人看见我,一定会受惊掉到地上,不死也会跌成重伤。现在随他去摘,能损失多少呢?"旁人听闻此事,都很佩服张知常的宽厚品格。

人生箴言

> 爱人者,人恒爱之;敬人者,人恒敬之。
>
> ——《孟子·离娄下》。

成长启示

爱别人的人,才能得到持久的爱的回报;尊敬别人的人,才能得到别人长期的尊敬。

王烈感化盗牛人

三国时,北海人王烈只是一个普通的读书人,并没有做过官,但在老百姓当中,却享有很高的威望。这是因为他凡事都很公正,对人宽厚忍让,以至于人们都很信服他,以他为行事的榜样。

有一次,一个人偷了别人的一头牛,被失主捉住了。盗牛人说:"我一时鬼迷心窍,偷了你的牛,今后决不再干这种事。现在,随便你怎样处罚都行,只求你不要让王烈知道了。"

有人把这件事告诉了王烈,王烈立即托人赠给盗牛人一匹布。有人问王烈:"一个做贼的人,很怕你知道,你反而送布给他,这是什么道理呢?"

王烈说:"做了贼而不愿意让我知道,这说明他有羞耻之心;既然知道羞耻,就不难转变。我送布给他,就是为了鼓励他改过从善。"

一年以后,有一天,一位老人挑着重担,正在艰难地赶路,忽然遇见一个人,对他说:"您年纪大了,挑这样重的担子,怎么受得了呀?我来替您挑吧!"

这人帮助老人挑着担子走了数十里,到了老人家门口,把担子放下,不告诉姓名就走了。

后来还是这位老人,在赶路时丢失了一把宝剑被一位过路人发现了,为了避免让他人拿走,这位过路人便留下来看守,等待失主,待老人去寻剑时,发现那守剑的人,正好又是上次替他挑担子的人。

老人十分感动,拉住他的手说:"你上回替我挑担,连姓名也不肯告诉我;现在你又路不拾遗,坐等失主,你真是个仁人君子啊!这一次,你一定要把姓名告诉我才是。"那人只好把姓名告诉了老人。

老人听后,心想:地方上出了这样一位好心人,应当让王烈知道,于是,便去告诉王烈。

王烈听后很受感动,他说:"惭愧啊! 世上有这样好的人,我却没和他见过面。"

王烈随即设法打听,原来这好心人竟是从前的那个盗牛人。他不禁大吃一惊,十分激动地说:"一个人受了感化以后,改过从善的程度真是不可限量啊!"

人生箴言

> 躬自厚而薄责于人。
>
> ——《论语·卫灵公》。

成长启示

> 多多要求自己而少要求别人。

朱冲送牛

晋朝有位心地善良、待人宽厚的大臣，名叫朱冲，虽然他官位很高，却从不仗势欺人，还能够时时处处替他人着想，从来不把别人的过失放在心上。这种宽容忍让的美德，朱冲小时候就已经养成了。

朱冲出生于南安一个比较贫穷的家庭，家里没有足够的钱供他念书，朱冲只好成天在家种地放牛。

有一次他正在野外放牛，忽然邻居家一头放牧的牛朝他跑了过来，邻居慌慌张张地东瞧瞧、西看看，最后不由分说，牵了朱冲的一头小牛，转身就走了。

和朱冲一起放牛的牧童十分惊讶，半天回过神来，连忙扯着朱冲的袖子说："快！快去把牛追回来。那头是你家的牛啊！这人怎么招呼都不打就牵走了。快去追呀！"

朱冲看到邻居把自己的牛牵走了，既不生气，也不去追，只是淡淡地回答说："这里边一定有什么原因，等回家后再问问。"

过了没一会儿，只见把牛牵走的那个邻居，又满头大汗地赶着牛跑了回来。他走到朱冲面前，不好意思地连声道歉："真对不起！真对不起！我的牛原来跑到树林子里了。看我多糊涂，还牵走了你家的牛，真对不起，现在我给你牵回来了。嘿嘿，认错牛了。"

朱冲听明原因，笑了笑，不以为然。他想起这个邻居家里十分困难，就又把牵牛的绳子塞回邻居手里："没什么。你家很困难，这头小牛就送给你了。"邻居一下子感动得说不出话来。

村里还有一家人,平时好占小便宜,曾三番五次地故意把牛放到朱冲家的地里,让牛随意啃吃地里的庄稼。

朱冲看到后,也不在乎。别人劝他去找那家人理论,朱冲笑笑说:"人家也许有人家的难处,我能帮得上忙的就该帮帮他。"

于是,朱冲每天下地收工回来,途中总要多打几捆草,连同那啃吃庄稼的牛,一同送回主人家中。

朱冲把草和牛送到人家门口,还诚恳地对主人说:"你们家人少地多,顾不上照看牲口,我家草多,给你拿些来喂牛吧!喂完了,我还可以再给你家多送些来。"

那家人一听,又羞愧又感激地对朱冲说:"你真是太好了!你放心,以后,我们家的牲口再也不会去糟踏你家庄稼了!"

待人宽厚的朱冲赢得了亲朋、乡邻的一片赞扬。

人生箴言

> 己所不欲,勿施于人。
>
> ——《论语·颜渊》。

成长启示

自己不喜欢的事,不要强加在别人身上。

庚亮不卖"的卢"马

晋朝时有个名叫庚亮的官员,他有一匹非常健壮的马。这马高大威武,可是脾气十分暴躁,是难以驯服的烈马,人一骑上去,它就知道骑马的人有没有驭马的本领。要是经验差点儿的人骑上这马,它就会发起性子来拼命地蹦、拼命地跑,直到把背上的人甩出去好几丈远。

这天,庚府里来了位会相马的朋友,他围着马转了一圈又一圈,先是啧啧赞叹,后来却是又叹气又摇头。

庚亮和他身边的人忙问发生了什么事,这位相马的朋友面带忧虑地回答说:"这匹马是好马,它的名字叫'的卢'。但是这种马也是一种最不吉利的马,谁要骑上它,最后准是性命难保。"

古时候的人都十分迷信,听了这样的话,大家都非常替庚亮担心,他家里的人更是着急得不得了,纷纷劝他赶快把"的卢"马卖掉。

庚亮自己心里也有点犯忌,听大伙儿这么一说,也有点想把马给卖了。可是再想:"不行啊,我怕'的卢'马不吉利,把它卖给别人;可人家骑了这马,要是为此丧了性命,岂不冤枉?我决不能做这种缺德事,坑害别人!"

于是,庚亮把这匹马留了下来,既不卖给别人,自己也不再骑它。

朋友们都笑庚亮傻,庚亮也不在意,总是笑笑对大家说:"从前有个孙叔敖,曾看见过一条两头蛇,因为听说见了两头蛇的人就得丧命,他就把两头蛇打死埋了,不让别人再看到它。古时候的孙叔敖能为别人着想,我难道不能也这样做吗?"

　　朋友们听了,都深深佩服庾亮的善良和为他人着想的高尚品德。

人生箴言

> 己欲立而立人,己欲达而达人。
>
> ——《论语·雍也》。

成长启示

　　自己要站得住脚,也要设法让别人站得住脚;自己要事事行得通,也要设法让别人事事行得通。

王旦宽以待人

北宋时，真宗皇帝封王旦为本朝宰相，主持中书省，封寇准为枢密院(掌管军事机密、边防的最高国务机关)副使。寇准非常不服气。原来寇准认为王旦不论才学还是忠心，都不及自己，官位居然在自己之上。他越想越气，决定杀杀王旦的锐气。手下李大臣想出一个办法：他发现中书省起草的一篇公文在格式上有不妥之处，如果皇帝知道了，一定会勃然大怒。果然，当寇准把公文呈给真宗看时，真宗怒不可遏，当下严厉地批评了王旦，并下令将中书省所有大小官员的俸禄减半。中书省的官员得知此事乃寇准所为，都非常生气，决定找个机会出气。但王旦的心态却异常平静，他开导手下官员："不管别人做了什么，毕竟先错在我们。公文的格式不对，我们难辞其咎，今日也算是个教训！枢密院将此事告知陛下，也是为我们好！"

王旦的这番话传到了寇准的耳朵里，他有些后悔了。不久后的一天，中书省的官员发现枢密院送来的公文也出现了错误，大家都非常高兴，终于可以以其人之道还治其人之身了！但王旦却严厉地斥责他们："把公文退回去！让他们修改好了再送来！"大家只好作罢。寇准拿到退回的公文，感慨万千，后悔不已。他第一次深深认识到自己确实不如王旦。就在这时，李大臣来访。寇准将公文一事告之李大臣，李大臣却认为王旦这是别有用心。随后，他说起另一件重要的事：寇准的五十岁寿辰很快就要到了，李大臣已经为他筑好了寿棚,只等寿辰一到,即可大宴宾客。寇准有些推脱,但李大臣执意坚持。寇准只好答应,但一再吩咐不可太过奢靡。当晚,寇准夜不能寐,决定第二天登门拜访王旦,负荆请罪。王旦一见寇准,非常意外,两人一番谈话,很快冰释前嫌。

寇准的五十大寿到了,寿棚内张灯结彩,人头攒动,场面非常浩阔。王旦带着寿礼拜访,寇准热情地迎接。旁人见此情景,便对寇准说:"寇大人当初因小人谗言与王大人有不快,如今冰释前嫌,真可谓我朝一大喜事啊!"边说边看了一眼李大臣,似乎意有所指。寇准面有愧色地说:"是啊!我老糊涂了!"李大臣顿时脸色铁青,自言自语道:"好你个寇准,过河拆桥!你不仁,休怪我不义!"

第二天,他上奏真宗,说寇准做寿竟筑起寿棚,人宴百官,扬言要和皇帝攀比!真宗一听,大怒不止,扬言要严惩寇准。所幸的是,真宗的贴身太监与寇准私交甚好,他立即将此事告诉寇准。寇准惊慌失措,急得像热锅上的蚂蚁。太监给寇准出了一计:地方官有大有小,若能当上有权有势的节度使(总揽一区的军、民、财政),也不比在京城做官差!依我之见,你立即写信给宰相王旦,请他在皇上面前求求情,让你担当节度使之职。寇准想了想,说:"我一心报国,有权有势倒非我所图,只是节度使一职更能施展我的才华。"于是,他快书一封,送给王旦。始料不及的是,王旦的回信却是:"将相的职务,岂可靠私情求得?!我身为一朝宰相,决不受私人之托!"寇准颓然地倒在座上,一蹶不振。他想起李大臣曾说王旦别有用心,于是怀疑上奏之事乃是王旦所为,便更加咬牙切齿。

寇准万万没有想到第二天上朝,真宗竟然下令封他为武胜军节度使,且享有"宰相"之名,他几乎不敢相信自己的耳朵。真宗告诉他:是王旦极力推荐的。寇准"啊?!"地一声,回头看看王旦,王旦正微笑颔首,寇准羞愧地低下了头。王旦说:"我不是因为私情才举荐你,而是因你确实是个不可多得的人才。"

四年后,王旦重病在身,无法料理国事,就举荐了寇准接替宰相一职。寇准非常敬重王旦宽以待人的高尚品行,每天上完朝,都到王旦的床前问候。

人生箴言

> 仁者以其所爱,及其所不爱,不仁者以其所不爱,及其所爱。
>
> ——《孟子·尽心下》。

成长启示

仁爱的人以他所喜爱的人或物推及他所不喜爱的人或物,没有仁爱的人却以他所不喜爱的人或物推及于他应该喜爱的人或物。

王安石宰相肚里能撑船

宋朝的王安石,是有名的大文豪。他曾做过大宋的宰相,关于他变法强国的功勋,世人有目共睹;另一方面,他高尚的人格品质也很令人钦佩。

王安石中年丧妻,年近花甲之时,又娶了一房夫人——年仅18岁的姣娘。王安石政务繁忙,几乎不眠不休,因此,回家的次数极为有限,小娇妻姣娘年轻貌美,不甘独守空房,就与家中的一个仆人偷情。

一次,王安石得空回家,走到内屋门口,忽然听见屋中姣娘与仆人调情之言,顿生一股无名的怒火,伸手欲推门捉奸。可在双手触门的一瞬间,王安石生出个念头:堂堂宰相,家丑不可外扬。于是他放弃了,转身就走。不料撞倒了门口一根竹竿,竹竿倒地,惊动了树上的乌鸦,乌鸦惊叫着四下飞散。一听屋外有动静,仆人慌忙跳窗逃走。对此事,王安石佯装不知,从未提及。

过了几天,恰逢中秋节,姣娘陪王安石在院中赏月,王安石想借此机会好好规劝姣娘,于是开口道:

> 日出东来还转东,乌鸦不叫竹竿捅。
> 鲜花搂着棉蚕睡,撇下干姜门外听。

姣娘听到王安石已知晓自己与仆人之事,心中惭愧,红着脸跪倒在王安石面前道：

> 日出东来转正南，你说此事已一年。
>
> 大人莫见小人怪，宰相肚里能撑船。

姣娘巧言相对王安石，又极力恭维，令王安石顿时怒气全消。就在第二天，王安石赠予姣娘白银千两，让她与仆人远走他乡。王安石如此宽宏大量非一般人能比拟，不愧为一代名相。

人生箴言

君子贤而能容罢，知升荞能容愚，博而能容浅，粹而能容杂。

——《荀子·非相》。

成长启示

君子贤能而能容纳无能的人，聪明而能容纳愚昧的人，知识渊博而能容纳孤陋寡闻的人，道德纯洁而能容纳品行驳杂的人。

楚惠王恩及厨师

我国古代曾有过许许多多的封建君主，他们享有极高的地位，掌握着生杀予夺的特权。有一句俗话叫做"君叫臣死，臣不得不死"，形容的就是君主这种至高无上的权力。所有的臣民都是为君主服务的，因此，他们都非常畏惧君主。同时，因为享有特权，君主通常都是我行我素，高高在上，很少顾及臣民们的感受和需要。但贤明的君主就不是这样，他们心地善良，经常替别人着想，哪怕是地位很低微的庶民百姓。楚惠王就是这样一位仁慈的君王。

有一天，天气晴朗，风和日丽。楚惠王和一些文武大臣在后宫花园里游玩。面对这么好的天气，楚惠王的心情非常愉快。他一路走走看看，欣赏着花园里的美景。不一会儿，就感到肚子有点饿了，他想起了曾经吃过的酱肉。因为他很久没有吃这道菜了，而且他的厨师特别擅长做这道菜，不但酱肉颜色鲜艳，非常好看，而且热气腾腾的，香味扑鼻。想到这里，楚惠王觉得肚子更饿了。于是，他叫人吩咐厨师马上去做，还特别请身边的大臣留下来一起品尝。

酱肉做好了，侍从小心翼翼地把一盘酱肉摆在楚惠王面前的桌子上。楚惠王看见这么美味可口的菜，连连赞叹说："色香味俱全，太妙了！"

于是，他拿起筷子夹起一块放进嘴里，一边品味还一边点头称赞。当他夹起第二块时，却迟疑了一下，原来楚惠王发现在这块酱肉上,有一条小虫子在慢慢地爬着。可是,楚惠王还是把这块酱肉塞进嘴里,吞了下去。不久,楚惠王就捂着肚子,叫起痛了。

身边的令尹便问:"大王怎么会突然肚子痛呢?"楚惠王就把刚才的事告诉了令尹。"哎呀!"令尹不禁失声叫了起来,"那么,大王您为什么还要吃下去呢?"楚惠王回答道:"我想,这件事如果说出来,那么就得处死厨师。可是,我实在不忍心这么做,所以趁大家不注意,干脆把虫子吞了下去。"

令尹听了这番话,感动地说:"大王真是一位仁心的君王,爱民如子。大王的善行,老天一定会降恩惠给您的!"于是,令尹扶着楚惠王回宫,并且吩咐侍从要好好服侍。第二天,楚惠王病就好了。

这件事很快传遍了全国,老百姓纷纷称赞楚惠王的仁爱之心。

人生箴言

> 人不自爱,则无所为;过于自爱,则一无所为。
>
> ——吕坤《呻吟语选·补遗》。

成长启示

人如果不珍视自己,不会有什么作为;但过于爱自己,也会一无所成。

陈寔教育小偷

有一个成语叫"梁上君子",本意是指在屋梁上躲着的"君子",也就是进别人家偷东西的人。一般的人抓住这种"君子",总是要把他扭送到官府处置。可是,有一个人却不是这样做的。

他就是东汉末年的一位大臣,叫陈寔。

这一年,陈寔辞官后回到家乡居住,正赶上家乡闹饥荒,很多人都在忍饥挨饿,陈寔见了,心中十分难过,日夜思考着向皇帝上书,让老百姓日子好过一点。一天晚上,陈寔从外边考察民情后,心情沉重地回到家中。他低着头,在大厅里踱来踱去。

窗外,一轮明月高悬在蓝色的夜空中,月光透过窗户,照在屋梁上,屋梁的影子,斜斜地投在地上。

不久,陈寔看到地面上的影子里分明显出一个人形来,他知道屋里有小偷,正躲在梁上。然而陈寔不动声色,装作什么也没有看见的样子,仍然在大厅里踱来踱去。

过了一会儿,他把自己的儿子、孙子都召集在大厅里。他十分严肃地教训子孙们:

"我们做人,一时半刻也不能放松对自己的要求。否则,是会犯错误的。比如那些做坏事的人,他们的本性并不坏,只是养成了好吃懒做的坏习惯,所以才出来做坏事。"

说到这里,他的儿子和孙子们都面面相觑,心想:是不是有谁偷偷做坏事,被老人家发现了,所以说这些话好叫我们主动承认呢？陈寔的大儿子也不明白原委，见陈寔半天没有说话，就上前一步，恭恭敬敬地回答道："爹教训得是。我们今后一定注意对自身的严格要求。"陈寔点点头，接着又说："至于那些躲在人家屋梁上企图盗窃的人，总是抱着不会被人发现的侥幸心理入屋偷窃，如果长期发展下去，就会变成杀人放火的强盗。"

这一番话，梁上的小偷自然是一字一句都听得清清楚楚。他猛然清醒过来，觉得自己这种盗窃行为真是太不应该、太可耻了！就跳下屋梁，满脸羞愧、战战兢兢地缩在墙角。除了陈寔外，家里的人都吓了一跳。待到明白发生什么事后，他们一起冲上前要抓住小偷，陈寔连忙阻止他们。

那衣着破烂的小偷，猛地跪在陈寔面前，磕头谢罪，请求陈寔宽恕。

陈寔扶起那人，亲切地说："我看你的样子不像坏人，一定是由于生活贫困，才被迫如此。但是，偷盗总不是好事，以后千万不要干了。"

说完，他又叫人送了两匹绢给小偷，让他以此作为本钱，做做小生意。那人千恩万谢地离开了。陈寔宽厚待人的心胸与善良仁慈的襟怀，也随着"梁上君子"这个典故，一代一代地流传下来。

人生箴言

仁者能好人，能恶人。

——《论语·里仁》。

成长启示

> 只有仁者才知道怎么爱人，怎么恨人。

夏原吉宽厚待人

明朝有位官吏叫夏原吉，当过户部主事和尚书，是当时政坛上一位十分重要的人物。夏原吉待人温和宽厚，同情和关心下层劳动人民，流传有许多动人的故事。

夏原吉在户部任职时，有一次，书吏捧着书写工整的重要文书请他签字。因为有风吹动，文书被墨水涂污了，书吏非常惊恐，立即脱掉上衣，跪在地上等待处罚。夏原吉连忙让他起来，宽慰书吏说："这不是你的错，与你无关。"可文书是要上呈给皇帝的，所以书吏仍然害怕，不知会出什么事。第二天，夏原吉朝见后，向皇帝请罪道："臣昨日不慎，因风起，笔污了重要文书。"丝毫没有提到书吏的过错，皇帝于是命他另写一份。

朝罢归来，书吏还在担心。夏原吉拿出另写的文书给他看，书吏这才放下心来，继而对夏原吉十分感激，脱帽叩谢。

又有一次，夏原吉路过苏州。当地的厨师特意为他做了一盘苏州蒸肉，可是，不小心放多了盐，厨师很怕夏原吉生气而激怒苏州的地方官员，过后治他的罪，于是心惊胆战地站在一旁。没想到,夏原吉尝了一块蒸肉之后,就推说自己近来不喜欢食肉,只吃了些米饭,凑合了事。厨师见夏原吉遮掩了自己的过失,心里十分感激。

还有一次,夏原吉手下的一个小吏偷了他的几件银酒器,被巡逻的士兵发现后抓获。偷自己上司的东西可不是件小事,士兵们都请夏原吉制裁这个内贼。谁知,当士兵把这位做贼的小吏带到夏原吉跟前时,夏原吉却走上前,亲自替那小吏松了绑,并对他说道:

"要不是因为家里贫困,你是不会干这种事的,对吗?"

说完,还将那些被盗的酒器全部送给了那小吏,小吏感动得泪流满面,跪在地上连连磕头,从此,再没有偷窃行为,而且对夏原吉非常忠心。

有一年的冬天,夏原吉出巡外地,夜宿在一家驿站。早上起床穿衣时,发现少了一只袜子。原来,驿站的差役夜间给他烘袜子时,不小心烧掉了一只。他怕挨骂,更怕驿站老板因此把他赶走,因此不敢以实情相告。夏原吉了解了情况后,笑着对他说:

"为什么不早告诉我呢?现在想再换一双也来不及了。"

驿站的差役非常感动,知道夏原吉没有丝毫责怪自己的意思,他流着眼泪对夏原吉说:"有些官员无事还要找碴儿鞭打我们,像您这样的好官,我一辈子才遇见一个呀!"

人生箴言

> 君子成人之美,不成人之恶。
>
> ——《论语·颜渊》。

21

成长启示

> 君子要协助他人成就好事,不协助他人做坏事。

袁衷母宽容化世仇

明代人袁衷的继母是个心地善良、待人宽厚的人。

继母疼爱袁家兄弟胜过她亲生的孩子。冬天还没有到,她就想到为他们准备棉衣;孩子还没有饿,就想到准备食物;亲友有时送了些水果食品,也一定要留给孩子们吃。直到孩子们长大成家后,她也还是这样。袁衷的妻子因为继母恳切深厚的情意而感动得掉下眼泪,对丈夫说:"即使亲生母亲,又怎么赶得上她呢!"妻家有时有些馈赠,即使十分微小,也不肯私下尝一口,一定要奉送给母亲。一天他家,正好得了一条鳜鱼,妻子亲自烹调后,叫童仆胡松端着送去给婆婆,可胡松偷偷地吃了。过了一小会儿,妻子见了婆婆,问道:"鳜鱼还勉强可以吃吧?"婆婆愣了好半天,说:"也还可以吃。"妻子怀疑了,下来审问胡松后,才知道是他偷吃的,忙去拜见婆婆道:"鳜鱼没有送到,却说可以吃,这是怎么一回事?"婆婆笑着说:"你问我鳜鱼好不好吃,那就一定献上了。我没有吃到,那一定是胡松偷食了。我不想因为食物的缘故,让小孩子犯过失。"她就是这样的宽厚仁慈。

近邻沈家,和袁家有几代的仇怨。继母刚来时,袁家弟兄还小。袁家有一株桃树,树枝长到墙外,姓沈的擅自把树枝锯掉了。袁家兄弟见了,跑去告诉母亲。母亲说:"这是应该的。我们家的桃树怎么可以随便长到别人的地面上去呢?"沈家也有一株枣树长到袁家墙这边来。枣子刚长出来时,母亲把袁家兄弟叫来,告诫他们道:"邻家的枣子,一个也不要去摘!"又告诫所有的仆人注意守护。等到枣子熟了,就把沈家姑娘请到家里来,当面摘了枣子,用盒子装好送还给沈家。

袁家有一只羊跑进沈家园里,姓沈的立即把羊打死。第二天,沈家有一只羊窜过墙这边来,仆人们见了高兴极了,也想把羊打死,以解昨日之恨。母亲阻止了他们,并马上叫人把羊送还给了沈家。

有一天,姓沈的邻居病了。袁衷的父亲去给他看病,送了他一些药。父亲从沈家出来后,母亲又派人去告诉邻居们说:"有病互相体恤,这是邻里的情谊。如今姓沈的病了,家里贫困,大家各出五分银子帮助他。"于是凑得银子一两三钱五分资助沈家,袁家还独自帮助了一石大米。从此,沈家终于化解了世仇而感激袁家的情谊,后来两家还有姻亲关系来往。

不仅与邻居相处时宽容大度,对待陌生人,母亲也是一样的仁慈。有一家富户娶媳妇,坐着大船从南边来,经过袁家门前时,风雨大作,大船撞倒了袁家的船坊。邻居们揪着那船上的人,要求他们赔偿。母亲听说了,问道:"新娘子在船上不?"有人回答:"在船上。"母亲便派人告诉邻居们说:"人家娶媳妇要图个吉庆,如果在路上赔偿别人银钱,回去后公婆会认为不吉利的。况且我家的船坊年久已朽,快要倒塌了;他们的船大,风又急,无力掌握。就宽恕了他们吧!"众邻居听从了母亲的话,都对她的善行赞不绝口。

人生箴言

仁者无敌。

——《孟子·梁惠王上》。

成长启示

施行仁政便可以无敌于天下。

石勒雅量恕旧仇

石勒是东晋十六国时期后赵的创建者。他小时候只是一个普通农奴,为别人打长工度日。当时天下大乱,他为贫穷所迫,又做了强盗,靠打家劫舍为生。所谓乱世出英雄,后来他竟然收罗了十万大军,于是就想着夺取天下。他虽然大字不识,却肯听人建议,任命一个叫张宾的人为军师,对他的话言听计从。张宾也确是机智过人,为石勒出谋划策,从未失算过。石勒虽然鲁莽,待人却极大度,结果上下合作,一度统一了中国北方地区。

石勒做了后赵皇帝后,对过去的仇人也不报复,而是团结他们为国家效力。一次,他回到故乡和父老乡亲们把酒言欢,十分快活。酒席间谈及旧事,忽然发现自己年轻时的邻居李阳不在,就问周围的人:"李阳呢? 他可是一位好汉,怎么不见他来?"原来,石勒在家时,和李阳住隔壁,他们俩为了争一块麻田,经常互相斗殴。如今石勒做了皇帝,李阳想起往日曾和他结仇,怕得要死,早躲起来了,哪里敢来? 石勒也知道他是为此担心,就笑着对乡亲们说:"过去,我们俩因为一块地,打了不少架。可那是做百姓时候的事儿了,如今我要取信于天下人,哪会因为这件事去和一个人结怨呢?"于是派人将李阳叫来。石勒和他举杯痛饮,拉着李阳的胳膊笑着说:"我以前和你打架,每次都被你饱打一顿,可是,你也没少吃我的亏呀!"石勒特意赏赐了李阳一间房子,任命他做参军校尉。

人生箴言

江海所以能为百谷王者,以其善下之。

——《老子》第六十六章。

成长启示

众多的小溪流都流向了江海,就是因为江海善于处在百川的下游。

谁是孩子真正的母亲

三国时代的张飞是个武将，他虽然长得五大三粗，可是他也是个会用智谋的聪明人。在他年轻的时候，因为打仗有功，还曾经在一个小地方做过县官，虽然时间不长，可是在当县官的期间，张飞还真的破了不少很难的案子呢。下面的故事就是一个例子。

有一天中午，张飞还在衙门后面的家里休息，突然听到有人敲响了衙门门口的大鼓，他知道又有人来告状了。他可一点儿也不怠慢，赶紧穿好官服，升堂审案。

只见跪在大堂上的是两个妇人和一个还不会说话只会咿咿呀呀的小孩。张飞刚一坐下，其中一个穿蓝衣服的妇人就赶紧向张飞哭诉起来："大人啊，你来评评理吧。这明明是我的儿子，可是这个不知从哪里来的妇人非说这是她的孩子，还天天在我家门口吵闹，真是太可气了！"

另一个穿绿衣服的妇人跟着也哭诉了起来："大人，这是我的孩子，被他们抢走好几天了，大人，你看看孩子都瘦了，求你让我带他走吧。大人，你要相信我啊。"

蓝衣服的妇人赶忙说："这是我的孩子！"

绿衣服的妇人也赶忙说："这是我的孩子！"

"是我的！"

"是我的！"

她们这样争了起来，张飞很头疼，大声说："你们安静，你们这样子叫我怎么办案?"

两人安静了下来,张飞走到她们跟前左看右看,可是怎么也看不出来孩子像谁,他想,看来这个法子不行,得想个好办法才行。他在大堂上走来走去,没有想到好办法。

"这样吧,你们先回去,让我想想,明天你们再来吧。今晚孩子就住在我们这儿了。退堂!"

退堂后,张飞没有休息,他在家里冥思苦想,一定要想个好办法。

第二天,两个妇人又来了。张飞看着她们,非常抱歉地说:"我还是没有想出好办法,所以,我也不知道你们谁是真的谁是假的。这样吧,为了避免你们再这样争吵,我想了个办法。"

"什么办法?"她们问。

"我在堂上画了一个圆圈,我把孩子放在圆圈里,你们两个一个在左边拉着孩子的胳膊,一个在右边拉着孩子的胳膊,你们谁把孩子拉出圈,谁就是孩子真正的母亲。好,开始吧。"张飞说。

"好吧。"蓝衣服妇人立刻说,马上抓住了孩子的胳膊。

绿衣服妇人的表现很不一样,她久久没有行动,哭着对张飞说:"大人,我是假的,你让他们走吧。"

"哈哈哈哈,你才是孩子真正的母亲!"张飞说着把孩子抱到了她的怀里。

"凭什么啊?"蓝衣服的妇人很不服气。

"你如果是孩子的母亲,又怎么忍心让自己的孩子那么被生拉硬拽呢?哈哈,你中了我的计了。左右,把她拿下!"

所有在场的人这才恍然大悟,大家都说这真是个好办法啊。

人生箴言

宽则得众。

——《论语·阳货》。

成长启示

待人宽厚就会得到众人的拥护。

闵子骞情感后母

孔子的学生闵子骞很小的时候便失去了母亲,父亲为他找了个继母。继母起初对他挺不错,可是后来继母连生了两个儿子后,待小子骞就越来越差了。继母把好饭食、好衣服都留给弟弟,小子骞不但吃不好、穿不好,而且还经常饿肚子。

小子骞很懂事,从不把这些事告诉长年在外干活的父亲,他怕父亲分心,更怕父母不和。

有一次,父子四人去走亲戚。父亲坐在车子上,让弟兄三人拉着。当时天寒地冻,寒风刺骨。走了一段路后,两个弟弟身上暖和起来,又走了两里路,两个弟弟便头冒热气,脸上沁出了细密的汗珠,而小子骞不但没出汗,而且还不停地哈手取暖,嘴唇不停地哆嗦。父亲问小子骞是不是不舒服,闵子骞说没有不舒服。父亲生气了,他以为肯定是小子骞要滑偷懒。子骞年长,理应比弟弟们能干才对。父亲责问小子骞:

"同样拉车赶路,为什么你弟弟都出汗了,你还冷得发抖呢?"

小子骞看了看父亲,欲言又止,然后低下头只是不吭声。父亲发火了,他拿起鞭子向小子骞身上抽去。谁知,这一鞭抽得太重了,小子骞棉袄里的芦花飞了出来。他父亲一看惊呆了。他把儿子紧紧地抱在怀里,埋怨说:

"孩子,你为什么不早告诉父亲呢?苦了你了。"

原来,继母给弟弟们的棉袄里絮的是新棉花,又柔软,又暖和,冷风也吹不透;而给小子骞的棉袄里絮的却是芦花,冷风一吹透骨凉,也难怪子骞冻得发抖了。

父亲当即决定回家去。到家后,他把妻子叫出来,指着子骞的破芦花棉衣说:

"这是你该干的事吗？你不仁不贤,要你这样的坏心肠的女人干什么？你还是回你娘家去吧!"

子骞的继母也觉得自己做的太过分,不免有点后悔,她向丈夫承认了错误,说今后一定要善待子骞,请求丈夫不要赶她走。可是,子骞的父亲盛怒之下毫不容情。

子骞一看,心中十分不安,他跪在地上哀求父亲说:

"父亲,母亲在您身边,只我一个人受冻,你要是让母亲走,那我们弟兄三人都得受冻,请父亲不要赶母亲走。"

父亲还是不肯原谅妻子。

子骞哭拜在父亲面前:

"父亲要是不原谅母亲,是子骞造成父亲嫌弃母亲,都是子骞不好,子骞向父亲请罪了。"

后母听了子骞的话,满面羞愧,连连对丈夫说:

"我对不起子骞,今后,我一定改过。"

两个弟弟也跪下哀求。父亲这才原谅了妻子。

从这以后,子骞的后母受了宽厚善良的闵子骞的感动,她待闵子骞比亲生儿子还好。

闵子骞更加热爱自己的父亲,孝敬后母,两个弟弟也非常敬重哥哥,一家人和和美美地过日子。

做/优秀的/自己

人生箴言

老吾老,以及人之老;幼吾幼,以及人之幼。

——《孟子·梁惠王上》。

成长启示

尊敬自己家里的长辈,从而推广到尊敬别人家里的长辈;爱护自己家里的儿女,从而推广到爱护别人家里的儿女。

第二章
放开心胸那就是宽仁

世界充斥着生老病死、悲欢离合、喜怒哀乐。人生难免不如意,难免有不顺当的时候,这是每个人必须经历而又无法摆脱的。面对这些痛苦,不同的人有不同的态度、不同的心境。心境,微妙、复杂,却又很明朗,不是乐观就是悲观,不是绝望就是希望。心境如果是悲哀,世界便无光彩,生命也不存在希望;心境如果开朗,即使在海风呼啸、乌云密布的大海上,也能让人透过乌云看到太阳,看到光明和希望。

痛苦是可以承受的,每一个活着的人都有自己独特的痛苦。正是因为能够承受,他才活着,正是因为活着,他才从痛苦中看到了生命中美好和光明的一面。如果他放开了那只手,便给了自己一个能够自由奔跃的命运。

人生不经历痛苦便不是一个完美的人生。人生如果处处如意,便只有一种单调的色彩。正是因为有了痛苦,才能弥补它的残缺,令其丰富。

生活本来就平淡如水,放一点糖它就是甜的,放一点盐它就是咸的。想调制什么样的味道,全在于自己的心胸。

心胸放开了,一切的悲哀和伤害便显得微不足道。

心胸放开了,你就会坦荡地活着,就会用坦然的态度去迎接一切,承受一切。心如果能够自由,能够放开,天空才会无云,阳光才会灿烂,生命之花才会盛开。

温柔的人有时会显得懦弱,刚强了又近乎专制。只有长处没有短处的人在哪呢?

我觉得:本质的善良、天性的温厚、开阔的胸襟,有了这三样,将来即使遇到大大小小的风波也不致变成悲剧。

——读书札记

诸葛亮七擒孟获

公元 223 年,蜀汉先主刘备在白帝城病死。刘禅即位后,诸葛亮尽心辅佐,凡事兢兢业业,把两川之地治理得夜不闭户,路不拾遗。又逢连年丰收,米满仓廒,财盈府库。

公元 225 年,忽有益州飞马来报:"建宁太守雍闿,煽动牂牁太守朱褒、越嶲太守高定,结连蛮王孟获造反。孟获率十万蛮兵,大举犯境侵掠。"形势十分严峻。孔明奏明后主,亲率川兵 50 万前去征讨。

诸葛亮率大军,日夜兼程,不日兵临建宁、牂牁、越嶲地区,先杀了雍闿、朱褒,后又降服了高定。

蛮王孟获,听说孔明破了雍闿、朱褒,遂命三洞元帅,各率 5 万蛮兵迎敌。这天,蛮王孟获在帐中正坐,忽哨马飞报,说三洞元帅俱被孔明捉去了,部下各自溃散。孟获大怒,遂起兵杀来,正遇王平兵马,两军厮杀起来,战不数合,王平便走,孟获不知是计,驱兵追赶,正中埋伏,孟获被魏延生擒活捉。

魏延押解孟获到大寨来见孔明,孔明早已杀牛宰羊,设宴等候。见孟获押到,孔明质问道:

"先帝待你不薄,你为何反叛?"

"我世世代代居住此地,是你们无礼,侵我土地,怎么能说我反叛呢?"孟获振振有辞。

"你今天被我擒住,你心服吗?"

"山僻路狭,误中奸计,如何肯服?"

"你既不服,我放你回去,如何?"

"你放我回去,再整军马,决一雌雄,若能再把我捉住,我心才服。"

孔明立即下令赐以酒食,给与鞍马,放归本寨。

众将见孔明放了孟获,乃进帐问道:

"孟获乃南蛮渠魁,今天幸亏把他擒住,南方不日即可平定。丞相何故又把他放了?"

"君不闻用兵之道云:'攻心为上,攻城为下;心战为上,兵战为下。'我擒此人,如囊中取物。但重要的不是把他擒住,而是要降服他的心。"孔明笑着说。

孟获回到本寨,重整旗鼓,准备再战。不想被自己的部下董荼那(曾被孔明俘获,后降)等人擒住,献与孔明。孔明笑着说:

"你有言在先,'如再擒住,便肯降服。'今日如何?"

"这并不是你的能耐,是我手下人自相残害,你叫我如何肯服?"孟获恨恨地说。

孔明又令左右给他去绑,仍赐以酒食,并亲自送至泸水边,用船送其归寨。

孟获回到营寨后,与弟弟孟优商议,欲用诈降计取胜,结果又被诸葛亮将计就计,第三次擒住。孔明又是一番好言相劝,孟获还是不服,孔明又把他放了。

就这样,捉了放,放了捉,一次又一次,一直把孟获捉了七次。

到了孟获第七次被擒的时候,诸葛亮还要再放,可是孟获却不愿意走了。他感动的流着眼泪说:

"丞相七擒七纵,且每次都以礼相待,对我真可谓仁至义尽,宽厚之极。我打心眼里敬服,从今以后,永不反叛!"

南中地区重又回到了蜀汉的怀抱。

诸葛亮这次南征,至此大获全胜。大军北撤的那一天,孟获带领大大小小的头目,前来送行,与丞相孔明洒泪而别。

人生箴言

爱之不以道,适所以害之也。

——《资治通鉴》卷九十六。

成长启示

爱他的方式如果不正确,恰恰是害了他了。

吴章违心认"错"

唐朝有个吴章，官至御史。他为人诚实忠厚，很受人尊敬。

吴章小时候，母亲便去世了。父亲为他娶了个后娘，一年多以后，后娘为他生了个弟弟。小吴章又听话又聪明，小弟弟活泼又可爱，一家人生活得倒也其乐融融。可天有不测风云，没过多久，吴章的父亲在戍边战争中阵亡了。吴章跟着后娘和祖父一起生活。小吴章勤奋好学，聪明懂事，且父母双亡，祖父特别疼爱他。

祖父曾做过高官，家里颇有财产。祖父随着年龄的增大，身体也日见其弱，儿孙们都在盘算着各自能继承的家产。吴章的后娘见祖父特别疼爱吴章这个长孙，心生嫉妒，再加上又特别担心吴章将来要多分财产，而亏待了他们母子，就想方设法在祖父面前说吴章的坏话。吴章年龄虽小，但很懂事，每次听到后娘和祖父的责骂，都默不吭声。从不顶嘴。

可是后娘并不因为吴章的礼让而有所收敛。恰巧有一次，吴章的一个朋友遭人诬陷，急需用钱。吴章就拿出了自己平时攒的零花钱，不够又借了一部分。这事不知怎么被后娘知道了。她就添油加醋，大作起文章来。她在祖父面前说吴章在外边尽交些不三不四的朋友，还有背叛朝廷的罪犯，早晚要给全家招来大祸。

祖父一听可气坏了，他把吴章叫到跟前，大发雷霆，狠狠地责骂了一顿，并要吴章把钱追回来，否则，就剥夺他读书的机会。吴章被骂的丈二和尚摸不着头脑。等他弄清是怎么一回事后，他连忙向祖父解释。可祖父是先入为主,反认为吴章是强词抵赖,逼着吴章认错。吴章看到祖父气得浑身打颤,他心软了,就违心地认了错。想等祖父消气后再细作解释,可一直没有合适的机会。吴章心想:不说也罢,总会有水落石出的一天。

事隔不久,吴章朋友的冤案得以昭雪,那位朋友带了礼物来谢吴章,吴章的祖父接待了他。他把事情的来龙去脉讲给老人家听,又说了吴章在外边做的许多好事。而这些事,吴章在家里从未提起过。

真相大白后,祖父知道是吴章的后娘在捣鬼,懊悔自己冤枉了吴章这个有德有才的好孙子。当祖父去安慰吴章时,吴章却说:"祖父也是为我好啊!"

没过几年,祖父去世了。这时已做了官的吴章分到了很多遗产,而后娘和弟弟只分到乡下几间旧房和一些水田。吴章听说后娘和弟弟在乡下过得很不如意,就亲自到乡下去接他们。后娘惭愧极了,流着眼泪向吴章认错。

吴章不计前嫌,把后娘和弟弟接到自己家中,对后娘恪尽孝道。

人生箴言

以爱己之心爱人,则尽仁。

——张载《正蒙·中正》。

成长启示

> 如果能够像爱自己那样爱别人，那么，可以说完全达到了仁人的精神境界。

韩魏公宽宏大度

宋仁宗嘉祐年间，韩琦被任命为枢密使，掌握全国军政大权。由于韩琦勤于职守，政绩颇为卓著，因此被皇帝封为魏国公，后人又称他为韩魏公。

韩魏公虽为高官，但平时待人宽厚谦和，部下都很爱戴他。

韩魏公在大名任职的时候，朋友送给他两只玉酒杯。杯子玲珑剔透，里里外外没有半点瑕疵。据说，这两只玉酒杯是一个农民耕地时从一个犁坏的墓穴中捡到的。年代久远，更使这两只玉酒杯身价倍增。韩魏公对这两只玉杯着实喜爱，一闲下来，便拿在手里把玩、观赏，平时则把它当做稀世珍宝加以爱护珍藏。除非是来了贵客或有盛大宴请活动时，他才拿出来放在桌上供人观赏。

有一次，他的好友某漕运使前来拜访，韩魏公喊来同僚作陪，并兴致勃勃地拿出玉酒杯，一来想让好友饱饱眼福，二来用它斟酒劝客，以显主人殷勤之意。可是开席不久，一男仆上菜时，不小心将玉酒杯撞倒，滚到桌下摔了个粉碎。满座客人无不大惊，那男仆更是吓的脸色蜡黄,慌忙跪下来请罪。大家也都面面相觑,预想到将会有一场"疾风暴雨",说不定那个男仆的性命都难保住。谁知韩魏公却神情自若,一点怒气没有。他平静地对客人说:

"大凡世上一切物件的存在与毁坏都是有定数的,不是人力可强求的,这两只玉杯亦然。"

说完回头又安慰那个男仆说:

"快起来,不是你的过错,因为你也不是故意的,又有什么罪过呢?"

满座客人听后都转忧为喜,十分佩服韩魏公的胸怀。

韩魏公在驻守武定的时候,发生了这样一件事:一天夜里,韩魏公在草拟公文,一名勤务兵手持蜡烛侍立一旁。由于勤务兵的思想不集中,持烛的手一歪,烛头的火焰正好烧着了韩魏公的胡须,韩魏公急忙用手捋灭了火,然后又像什么事都没发生过一样继续着他的工作。此事恰被一名勤务官看见了,他赶忙另派了一名小兵换了刚才的那位。过了一会儿,韩魏公偶然抬头一看,人换了。他怕刚才的勤务兵受责罚,赶快放下笔,把勤务官叫了进来,嘱咐说:

"不要计较这件事,有了这次教训,他就会懂得怎样拿烛了。"

有了韩魏公的这番话,勤务官才没有为难那个勤务兵。小兵感动极了,从此以后,做事尽心多了。

这件事后来传了出去,全军上下官兵没有一个不佩服韩魏公的宽宏大度的。大家因此更加拥戴他。

人生箴言

亲仁善邻,国之宝也。

——《左传·隐公六年》。

成长启示

亲近仁义而善待邻居,是一个国家的国宝。

昭王求贤黄金台

在春秋战国那个战乱频仍、弱肉强食的年代,各诸侯国所希望的都是强盛国家,振兵习武,发展经济。为此,就需要各种各样的人才。于是,国君求贤才,卿相养食客,就成了风气,其中比较突出的例子就是燕昭王求贤。

燕昭王是燕王哙的儿子,姓姬,名平。

公元前315年,趁燕国内乱,齐国攻破燕国,姬哙被杀。

公元前311年,姬平即位,是为昭王。

昭王即位后,吊唁那些作战而死的将士,慰问那些失去父亲的孩子,降低自己的身份,用丰厚的财货吸引有才能的人。

有一天,他对郭隗说:"齐国趁我国内乱袭破我国,我深知燕国弱小,不能报仇。如果能得到贤才与我共掌国政,洗刷先王的破国之耻,我愿足矣。先生如果知道有谁是这样的人,我愿亲自去侍奉他!"

郭隗说:"古时候有一个国君,派人带上千金去买千里马,结果这人买了匹已经死去的千里马回来。国君大怒,那人却说:'如果人们知道您连死千里马尚且要买,何况活的呢,千里马就要到了!'不满一年,那位果然买到别人送来的三匹千里马。现在大王如果一定要招贤纳士,就请从我郭隗开始,那么,比我高明的人能认为千里是个远路吗?"

于是昭王为郭隗改筑府室,上置千金给他用,称为黄金台;并把他当老师看待,礼待有加。

过了不久,许多有才能的人果然从别的国家来投奔昭王。其中乐毅从魏国来,剧辛从赵国来。昭王用乐毅为亚卿,执掌国政。

后来,任乐毅为将,联合各国一起攻打齐国,占了齐国 70 多座城池,齐国只剩下即墨和莒两地。

与此同时,燕国将领秦开击退东胡,向东扩展,设立了上谷、渔阳、右北平、辽西、辽东等郡。

后来,昭王去世,齐国用反间计骗得燕惠王改用骑劫为将,把乐毅逼得出奔赵国。齐国用田单为将,用火牛阵击败燕军,尽得齐国所失去的地方。

人生箴言

为官长者当清、当慎、当勤。修此三者,何患不治乎?

——刘义庆《世说新语·德行》

成长启示

为官者应当清明、谨慎、勤勉。做到这三点,还有什么难事不能处理呢?

尧帝让位

传说黄帝以后,先后出了三个很出名的部落联盟首领,分别是尧、舜和禹。他们原来都是一个部落的首领,后来被推选为部落联盟的首领。

那时候,部落联盟首领有什么大事都要找各部落首领一起商量。

尧年纪老了,想找一个继承他职位的人。有一次,他召集四方部落首领来商议。大家一致推荐舜。

尧点点头说:"哦!我也听说这个人挺好。你们能不能把他的事迹详细说说?"

原来舜的父亲是个糊涂透顶的人,人们叫他瞽叟。舜的生母早死了,后母对他很坏。后母生的弟弟名叫象,非常傲慢,瞽叟却很宠他。舜生活在这样一个家庭里,尽管全家人对他都不好,但是他对待他的父母、弟弟却非常好。大家都认为舜是个有德行的人。尧听了挺高兴,决定先考察一下舜。他把自己两个女儿娥皇、女英嫁给舜,还为舜筑了粮仓,分给他很多牛羊。后母和弟弟见了,又是羡慕,又是妒忌,和瞽叟一起用计,几次三番想害死舜。

有一回,瞽叟叫舜修补粮仓的顶。当舜用梯子爬上仓顶的时候,瞽叟就在下面放起火来,想把舜烧死。舜在仓顶上一见起火,想找梯子,梯子已经不知去向。幸好舜随身带着两顶遮太阳用的笠帽。他双手拿着笠帽,像鸟张翅膀一样跳下来。笠帽随风飘荡,舜轻轻地落在地上,一点也没受伤。

　　瞽叟和象不甘心,他们又叫舜去淘井。舜跳下井去后,瞽叟和象就在地面上把一块块土石丢下去,把井填没,想把舜活活埋在里面,没想到舜下井后,在井边掘了一个孔道,钻了出来,又安全地回家了。

　　象不知道舜早已脱险,得意洋洋地回到家里,跟瞽叟说:"这一回哥哥准死了,这个妙计是我想出来的。现在我们可以把哥哥的财产分一分了。"说完,他向舜住的屋子走去,哪知道,他一进屋子,舜正坐在床边弹琴呢。象心里暗暗吃惊,很不好意思地说:"哥哥,你什么时候回的? 我都不知道呀!"舜也装作若无其事,说:"你来得正好,我的事情多,正需要你帮助我来料理呢。"

　　以后,舜还是像过去一样和和气气对待他的父母和弟弟,瞽叟和象也不敢再暗害舜了。

　　尧听了大家介绍的舜的事迹,又经过考察,认为舜确是个品德好又挺能干的人,就把首领的位子让给了舜。这种让位,历史上称做"禅让"。其实,在氏族公社时期,部落首领老了,用选举的办法推选新的首领,并不是什么稀罕事儿。

　　舜接位后,勤劳俭朴,跟老百姓一起劳动,得到了大家的拥戴。过了几年,尧死了,舜还想把部落联盟首领的位子让给尧的儿子丹朱,可是大家都不赞成。舜才正式当上了首领。舜到老年的时候,也跟尧一样,把部落联盟首领的位子又传给了治水有功的大禹。尧舜禹后来就成为中国历史上有德之君的代名词。

人生箴言

仁者必有勇,勇者不必有仁。

——《论语·宪问》。

成长启示

有仁德的人一定会很勇敢,定有仁德。

欧阳修不冒他人之功

北宋时,欧阳修和宋祁都是朝廷中鼎鼎有名的大才子。

一天,宋仁宗宴集群臣,吩咐每人作一首诗,并从腰中解下一块玉佩说:"谁作得又快又好,就把这块玉佩赐给他。"宋祁才思敏捷,一挥而就。仁宗看了他的诗作后非常满意,正要将玉佩赐给他,谁知欧阳修也作好一首诗,仁宗一看,认为欧阳修的诗作更加出色,于是改变了主意,将玉佩赏赐给欧阳修。从此,宋祁对欧阳修总有些怨气。

一次上朝时,仁宗问及欧阳修编写《新唐书》的情况。原来《新唐书》是欧阳修和宋祁合著的,仁宗认为宋祁的文风过于华丽,便让欧阳修进行修改。

本来就有怨气的宋祁,得知这个消息后更加郁闷,便到屋外散心。路上,仆人提醒他:欧阳修也许会趁修改书稿之机加以陷害,所以必须小心提防。宋祁左思右想,却又无计可施,正在长吁短叹间,突然一队人马迎面而来,场面非常浩阔。马队在一家茶楼前突然停下,有辆豪华马车的车帘掀开了,一个年轻姑娘悄悄探出头来,叫了一声:"宋大人!"宋祁赶忙转过头去,只见那姑娘微微一笑,车帘随即又放下了。

宋祁非常得意:"哈!没想到这个时候,还有人记得我宋祁?!"顿时诗兴大发,仆人赶紧笔墨伺候,他写下了一首《鹧鸪天》,当即让仆人给送去。他望着远去的马队得意洋洋。

谁知第二天一大早,仁宗便召见宋祁,怒气冲冲地将一首诗作扔给他。宋祁捡起来一看,正是自己昨天所作的《鹧鸪天》,顿时吓得魂飞魄散、汗流满面。

原来,那回眸一笑的姑娘竟是内廷的女官。仁宗怒道:"早就听说你为人随便,现在竟写出这种浮躁华艳的东西,真不知《新唐书》让你弄成什么样子? 你回去闭门思过!"灰头土脸的宋祁回到家后,焦虑不安。

仆人给他想了个计策:托人向欧阳修求情,让他不要为难自己。宋祁恃才气傲,并不愿意向欧阳修低头,但经仆人再三劝说,宋祁只好允诺。于是,便有人在欧阳修面前为宋祁求情,请他网开一面、手下留情。欧阳修感到莫名其妙,而又讳莫如深,求情人只好没趣地走了。

宋祁知道此事后,对欧阳修更加恨之入骨。朝廷的官员们平日里就看不惯宋祁恃才傲物、目中无人,见他落到如此下场,都认为是咎由自取。而欧阳修却说:"我修改书稿是秉公办事,跟这些私人恩怨并无瓜葛。"

没过多久,宋祁走投无路,只好硬着头皮自己找到欧阳修的府上。宋祁吞吞吐吐终于说出了登门的目的——希望欧阳修不要挑自己书稿的毛病。欧阳修一听,正色道:"我奉旨修改书稿,乃是公事,与你私下谈论,似乎不大合适。"话音刚落,便高声吩咐仆人送客。宋祁吃了个逐客令,郁闷地回到家中,心里忐忑不安,随时等待着厄运的降临……

几天后,有人给他报信:欧阳修已经把《新唐书》的书稿送进宫了。宋祁万念俱灰,绝望地等待着仁宗的发落,但万万没想到的是，欧阳修不仅没有对他的书稿大作修改，还在仁宗的面前为他说情："宋祁的诗词固然浮华，但写史和写诗词有所不同，宋祁的稿子并无不妥，所以没有多改。"仁宗满意地点点头。

欧阳修紧接着又说："按历朝的规矩，我官职比宋祁高，《新唐书》应由我一人署名，但此书稿大部分是宋祁所写，花了他不少心血。我愿与宋祁共同署名，恳请皇上恩准。"满朝文武举座皆惊。仁宗也有些惊讶："听说你跟宋祁有点儿小小的不和，怎么今天倒帮他说话？"欧阳修正色说："我与宋祁虽无交情，但也不忍夺他的功劳，据为己有。"仁宗非常欣赏欧阳修的宽容大度，于是就同意了他的请求。

后来，宋祁弄清了事情的来龙去脉后，非常惭愧，亲自上门向欧阳修谢罪。两人消除了隔阂，成了好朋友。

人生箴言

君子莫大于与人为善。

——《孟子·公孙丑上》。

成长启示

君子最高的德行就是偕同别人一道行善。

袁安卧雪

袁安，东汉人，官至司空、司徒，为官以严明著称。有一年冬天特别的冷，下了好几场大雪。此时的袁安还只是一介平民，家住在洛阳城内。大雪从半夜时分就飘飘落下，花瓣大的雪片从天空中落下，不一会儿就给整个洛阳城穿上了一层厚厚的白色棉衣。

雪下了大半夜，到天明的时候，才稍稍小了些，满天飞起了细密的雪粒。酣睡中的人们清晨起床发现这银装素裹的洛阳城，心情也格外的舒畅。按照人们通常的习惯，大雪过后，都要清扫家门附近的积雪，以利于行走。于是，天刚朦朦亮，就有人出门，挥舞着扫帚，扫起雪来。勤快的人，一早晨要扫两三回呢。

袁安这天也早早地起床，穿上棉服，带着手套，拿起扫帚就要去扫雪。当他打开大门时，却发现有一堆人都在他家门口避寒。大雪纷纷，行人和那些无家可归的人都不敢冒雪前行，就找附近的家门口躲一会儿再走。

看着这些人这样的可怜，又冷又饿，袁安心中不免为他们伤心。想想自己虽然也没有钱，日子过得也很艰难，但是下雪天还有一间破房子可以避寒，还能喝上一碗热汤驱寒。袁安轻轻地把大门关上，他不忍心因为扫雪而赶走这些苦命的人，心想：就让他们在这里避避吧，我没有火给他们烤，也没有吃的给他们吃，唯一可以做的就是让他们在我家门口避避寒。

于是他放下扫帚，又回到屋里，屋里其实也不暖和，木炭已经燃尽,他只好又钻到被窝里取暖。他搓着手,蜷着身子,忍受着饥饿,不一会儿就睡着了。

天已经大亮,雪也停了。各家各户都出门扫雪了,按照洛阳城的规定,每户居民有义务清扫自己门前的雪,一方面美化市容,更重要的是方便人们的行走。袁安看家门口的人没有离去,依旧躺在炕上,思考着自己这几十年所走过的路。

洛阳的地方官这天也早早地来到衙门,准备亲自下去视察,监督各家各户扫雪。地方官走在街上,发现家家户户都很积极,基本上都出来扫雪了,他很是高兴。当走到袁安家门口时,发现厚厚的雪还堆在地上,丝毫没有扫过的痕迹,有不少的人躲在那儿,他知道这是一群无家可归的人在避寒。别的人家都出门扫雪了,他们就被赶走了,只好都聚集到袁安家门口了。

地方官来到袁安家门口时,避寒的人们都被吓跑了。地方官心想这么冷的天,是不是这家的主人没有火炉,给冻死了。于是忙命人将他门前的雪扫开,走近屋子,看见袁安瞪着双眼,目视屋顶,直直地躺在炕上。地方官很是生气,问道:"你怎么不出去扫雪,你难道不知道吗,你要负责扫净你门前的雪。"

袁安慢条斯理地起身说:"大人,您也看到了,刚刚我家门前那么多避寒的人。别人家一扫雪他们就被赶走了,于是都跑到我家门口。这么冷的天,他们又冷又饿,我不忍心打扰他们,把他们赶走啊。"

地方官听后很是感动,自己也是穷人的孩子,也知道挨饿受冻的滋味,袁安这样富有同情心,如果能为朝廷效力,一定会是个为民造福的好官。于是地方官不但没有责备他,还举荐他当了孝廉。

日后袁安还做了司徒、司空等大官。

人生箴言

以爱己之心爱人,则尽仁。

——张载《正蒙·中正》。

成长启示

如果能够像爱自己那样爱别人,那么,就可以说完全达到了仁人的精神境界。

屈原背米

　　在三峡地区巍峨奇险的兵书宝剑峡石壁上,有一块巨石,它活像一座装粮食的米仓。仓下还有一个豁嘴,就如梭米的漏斗,这就叫米仓口。屈原的家乡流传着一个关于米仓口的神奇的故事:每当田地歉收的时候,巫山神女便在峡中点石为仓,指沙成米。吃不饱的穷苦人每天清晨可以去米仓口接一点米回来度荒。

　　相传,屈原年少时,常到江边观赏古峡奇景。有一次,他来到米仓口,发现从漏斗里淅淅沥沥滚出几把像米粒般的细沙子。他连忙蹲下去,抓起一把沙子,感叹地说:"米仓口呀米仓口,你为什么不梭点米出来,你不见那些面黄肌瘦的农夫、渔郎和船姑吗?"米仓口根本不理会屈原,还是淅淅沥沥地吐着沙子。屈原想着神女梭米的故事,心中很不平静。

　　过了数日,当地传播着一件奇闻,说是巫山神女又下凡了,还是和古时候一样,点石为仓,指沙成米。几个穷家小户从米仓口把白米背回来,下锅填饱了肚皮。

　　说也奇怪,就在米仓口出米的同时,屈原的爸爸发现自家米仓的米缺了一个小角。他把这件事与那件奇闻联系在一起,心想:莫不是神女先在我的米仓里暂借一点,放到米仓口去济世助民?这事他不敢声张,只暗暗注意着事态的变化。

　　又过了几天,米仓口梭米的事,果真得到了验证,又有几个穷家小户去那里背回了一点白米。这样,米仓口一时香火不断,一些穷苦人争着敬仙求米。虽只一升半合,大家也虔诚地感激神女搭救,尚能充腹免饥。

过了些日子,屈原的爸爸发现家里的米仍然在不断地减少。他又愁又惊,但不敢做声,只是每日望天焚香长叹,求神女饶恕!

谁知峡中有个胆大的穷人,他想探一探米仓口出米的怪事,便约了几个人,趁着天黑驾一小舟,悄悄来到米仓口,藏在不远的小石洞里,要看个究竟。一更二更过去了,不见神女,三更四更又过去了,还是不见动静。到了五更鸡鸣时,他们忽然发现江边晃晃悠悠走来一个人影,似乎这人背了一个沉重的包袱。穷哥儿们又惊又喜,屏住气,看着这仙影把包袱卸下来,放在米仓口下面,就像是刚从石漏斗中出来一样。穷哥儿们偷偷爬上去,一摸,正是上好白米,他们赶紧回头去追那仙影。一追上,大家一齐跪在地上,口喊仙女,不住地作揖磕头。

"快起来,切莫声张!"

一听声如敲磬的童音,穷哥儿们抬头一看,哪是什么仙子,原来是少年屈原!他为了瞒过自己的爸爸,便利用这个民间传说,把家里的米偷偷背出来接济当地的穷人们。大家感动得泪流满面,不知说什么才好!

突然,不远的地方传来了细碎的脚步声。大家回头张望,糟了,是"大神仙"来了。屈原心里一紧,惊慌失措地向来人施礼,然后说道:"爸爸,请您治罪!"

原来这"大神仙"是屈原的父亲。他细察家里少米的原因已很久了。今天天亮前,他发现屈原背了米走出门去,就跟踪而来。这时他才完全明白,儿子是为了救济穷人,才瞒着家里干这"仙女散米"的事。对于这样一个从小心中就装着穷苦百姓的儿子,他很是欣慰。他说:"孩子,你没有错。不过,你这样能救活多少穷人?你应该好好读书,学一学古人贤士治国安邦之道,了解民间疾苦,将来把我们楚国治理好,那时,天下穷人不都有希望了吗?"

几句话,屈原刻骨铭心。从此,他更专心读书。当屈原刚进入青年,楚王招他去京城郢都,封他为左徒。他对内"举贤授能"、"修明法度",对外"联齐抗秦"。这样一来,把楚国治理得很好,穷人都过上了好日子。

一年一度的端午节,就是为了纪念屈原而设立的。

人生箴言

仁者不忧,知者不惑,勇者不惧。

——《论语·宪问》。

成长启示

有德行的人不会忧虑,有智慧的人不会迷惑,有勇气的人不会畏惧。

但愿主公常清明

在那冬去春来,万物复苏的时节,有一个中国人共同追念的日子,那就是公历四月五日前后的清明节。清明节的前一、二日,是中国传统的寒食节。寒食节禁绝烟火,只吃冷食,这个传统渊源于晋文公与介之推等人唇齿相依的感人故事。

春秋战国时期,晋献公的宠妃骊姬,为了让儿子奚齐继承王位,而陷害太子申生,申生含冤自尽。申生的弟弟重耳,是一位礼贤下士的贤者。他为了躲避杀身的祸患,不得已之下,带着五位大臣、数位随从出逃列国,开始了长达十九年的艰难的流亡生活。

当重耳等人走到五鹿之时,饥渴交加,只好在乡间野路中乞讨。然而路上的一位乡人,送给他们的却是一把无法食用的、厚厚的黄土,重耳看到之后大怒不已。风餐露宿的流亡生活,与有家难归的苦难遭遇,使他内心百感交集。

然而此时赵衰站了出来,他说:"这把黄土代表的是我们的国土。护佑这块土地上的子民,是上天赋予主上的重责。这把土,我们要跪在地上接受它,这是皇天后土恩泽主公的祝福。"

重耳一行,沉痛地凝视着茫茫大地。他手握着这把国土,跪倒在苍渺的皇天之下。

到了齐国,齐桓公对重耳礼遇有加,不但把宗族的女子许配给他,而且还送他很多财物。漂泊在外的人,能过上这样安定的生活,实在是弥足珍贵。然而好景不长,数年后桓公过世,齐国又发生了动乱。重耳依恋他的妻子，不忍心离去。赵衰和咎犯商议，再不离开这个是非之地，恐怕是凶多吉少。重耳的妻子得知后，就劝他赶紧离开，重耳却难舍难分，他说："人的一生，能过上如此幸福的生活，还有其他什么好希求的呢？就算有生命危险，我也不会离开这里，我注定要和此地共存共亡。"

深明大义的妻子，此时表情凝重地对他说："您是一国的公子，面临国与家的深重灾难，困顿逃亡而来到齐国。多少的人都期待着你，重振家国的基业。而今，你却为了我一个孤弱的女子，忘却了身负的重责，忘却了多少贤臣良相为你出生入死那深重的恩德。连我都为您感到羞愧啊。"于是妻子和赵衰等人密谋，把重耳灌醉了之后，日夜兼程地赶着车子，把他送离齐国。妻子含着泪，日送丈夫一行远行而逝，消失在辽远的天际之中。

身为晋国的公子，重耳以他的贤德昭名于诸侯间。追随他的几位忠心耿耿的贤臣，也被时人称为德才足以辅国的"国相"与"国器"。十九年后，公子重耳得到秦君的帮助，回到晋国继承了王位，这就是著名的晋文公。

晋文公即位之后，勤政清明，励精图治，德政泽及百姓，成为了春秋五霸之一。他把国家治理得很好，子民都感戴他的恩惠。文公知恩图报，对曾追随他漂泊在外，同甘共苦的功臣们，给予丰厚的封赏。他赏罚分明，以"导以仁义，防以德惠"为上赏，以辅佐国政、出外征战为次赏。然而还没有封赏完，晋国遭遇到了新的内忧与外患，晋文公无暇顾及封赏之事，归隐在家的介之推就这样被遗忘了。

介之推，又名介子推，"子"是古代对贤者的一种尊称。当年介子推离家别母,追随重耳在外流浪了一十九年。在他们最艰难的时候,眼看食物都吃光了,重耳饥饿到了极处,连路都走不动。介之推感到非常沉痛,他不忍心看着自己的主人就此饿死在奔亡的路途中。所以就悄悄割下自己腿上的肉,把肉烧给主人吃。这就是历史上著名的"割股侍君"的感人故事。

流亡生活结束后,咎犯对个人的功劳念念在心。介子推感到很不以为然,他说:"公子得以复国,这是民心所向、天心所归,而您却认为是个人的功劳,真是令人感到羞耻啊。我不愿意和这样的人同处一朝。"于是介子推功成身退,归隐而去。他告别了十九年来患难与共的君上,独自驾船离去,隐居于山水之中。

晋文公赏赐功臣,没有顾及隐居在外的介子推,介子推也从来不标榜自己的功劳。他感叹地说:"上天绝不会眼看着晋国灭绝,而舍之不顾。在晋国的王室中,主上承受了多少心志的磨炼,成为众望所归的贤明之君。他注定会成为晋国的国主,那是子民殷殷的众望,也是上天赋予的大任。然而随从的大臣却认为是自己的功劳,这是多么虚无不实的想法!窃取他人的财物尚且称之为盗,何况是贪求皇天的功业,把它看做是自己的呢!这样的人怎么能与之共处?"

介之推的母亲劝他说:"与其如此穷苦不堪,还不如向君王求取一些封赏,日子兴许过得宽裕一些。而今你就是死了,也不知向谁申诉,这又何苦呢?"介之推说:"指责这样的行为,却又效法于它,这个罪过不是更大吗?既然有言在先,我是绝不会接受晋国的俸禄的。"

母亲说:"你的功劳这么大,又不求任何的回报,把这样的志节告知晋国的人,又有何妨?"介之推说:"言语是处世立身的文采与华章。我既然一心想要归隐,哪里还需再为自己表白什么? 如果去邀功请赏,这不是念念还希求显达吗?"他的母亲感叹地说:"有你这样有志节的儿子,是为人母亲最大的幸福。既然你要坚守美善的德行,我就和你一起隐居吧。"

时人曾经赞美介子推,说他就像是辅助龙主升天的祥龙。当龙主得以纵横万里的时候,其他的四条龙也都随之飞黄腾达了。但却只有介子推不求利禄,归隐而去。

晋文公感念介子推的恩德,想尽办法要召请他入朝,但都被拒绝了。介子推坚持自己与人无争的志节,与"不如归去"的追求,一再地避开晋文公的追访。最后文公终于打听到,介之推隐居在绵山之中。于是他决定放火烧山,只留下一条通路,希望介子推背着他的母亲,从这条路上逃下来。然而大火烧了三天三夜,却始终没有见到母子二人的身影。等到火光绝灭之后,人们发现介子推和他的母亲,已经被烧死在一棵柳树之下。

晋文公缓步走在绵山之中,遥想那些患难与共的日子,内心无限感慨。"就把这座山封为介山,记下我的罪过,旌表忠孝清烈的善人吧。"

晋文公把介子推和他的母亲安葬在柳树之下,并为介之推建立了祠堂。他率领文武大臣来拜祭他,内心沉痛异常。晋文公用那棵烧焦的柳树,做成了一双木鞋,每天伤心地流着眼泪,哭喊着"悲哉足下",痛惜追念股肱之臣那真挚不渝的忠诚与清烈。想不到第二年,就在那棵烧焦的柳树上,一条条嫩绿的枝芽,又开始迎风飘展了。晋文公折下了一束枝条,戴在了自己的头冠上。他晓谕全国,把放火烧山的日子定为寒食节,每年的这一天禁绝烟火,不生火做饭,只吃冷食,以表达对有功不居、不图富贵的介子推的怀念。

在寒食节那天,人们用面粉和枣泥制成"子推饼",并捏成燕子的形状,称之为"之推燕"。百姓们用柳条把燕子串起来,插在门上,召唤着他的回来。人们还把柳条编成圈戴在头上,把柳枝插在房前屋后,以示追念。介子推以他的忠义与清烈,长长远远地活在了人们的心间。

"清明无客不思家",伴随着家庭、宗族那深厚的凝聚力,千百年来,寒食节与清明节以其特有的"慎终追远"的蕴涵,表现和传承了中国人万代久远相袭而继的敦厚良善的民风。在每个感念祖德的共享时分,它就像绵绵无尽的细雨一般,润泽在这片广袤而又深厚的土地上,静静地流淌在属于华夏子孙的血脉之中。

人生箴言

> 君子以厚德载物。
>
> ——《周易·坤》。

成长启示

道德高尚、才华出众的人能够宽容对待各种事物。

孔子推行德政

鲁国王宫里,鲁国国君定公与大贵族季桓子在商议招贤纳才之事。季桓子极力举荐孔子,认为他品行好、学问深,是个不可多得的人才。鲁定公有些犹豫,因为孔子在齐国两年,齐景公始终不肯用他,由此可见他的政见不合时宜。季桓子据理力争,鲁定公只好选择了一个折中的办法:先让孔子做个地方小官,看看他的业绩如何再说。于是,孔子被封为中都宰,负责治理中都(今山东汶上县西)。消息传出以后,学生子路很为孔子抱不平:老师德高望重,何必去做中都宰这样的小官;更何况,鲁国国君昏庸尤能,季桓子又专权不恭。孔子告诉弟子们:"现在鲁国正是内外交困之际,外有齐国觊觎,而国内的政权又摇摇欲坠。我能够因为个人私利而畏缩不前,任凭国家沦陷,听由百姓遭受灭顶之灾吗?"子路深感于老师对国家的责任感,发誓追随孔子。

孔子带着学生颜回、子路、子贡到中都视察民情,发现城中房屋破败、店门紧闭,老百姓纷纷背井离乡、沿路要饭,生活甚是清苦。看着凄惨的情景,孔子坚定了信念:一定要改变中都贫穷的现状。孔子知人善任,让每个弟子都发挥自己的专长。他进行了大刀阔斧的改革,推行了各种利民的政策……一年以后,中都发生了巨大的变化,成为鲁国最繁华的地方。这时,鲁定公真正相信孔子的能力了,他立即将孔子调入朝中,封为司寇,专门管理鲁国内政。孔子的弟子们知道后都非常高兴,认为老师的辛苦没有白费。孔子却严厉地斥责他们："我们辛勤执事就是为了高官厚禄吗？如今我们要想的是怎样忠于职守，鲁国现在的问题还很多，你们怎可有懈怠之心？仁德、大道已离我们久远，而我辈要将其发扬光大。"弟子们无不叹服。

孔子当上了司寇以后，执法严明，刚正不阿。他还经常向鲁定公讲授治国的道理，主张"忠恕"、"仁政"、"德治"。齐景公听说孔子在鲁国政绩显著，非常后悔自己当初没有知才善用，如今让鲁国占了个大便宜。这时，齐国太宰（掌管王家内外事务）黎锄提醒齐景公：经过孔子的治理，鲁国国力大增，将来对齐国的威胁将不再是强大的晋国，而是鲁国！齐景公惊慌失措，黎锄献出计策：与鲁定公会盟，伺机要挟，使鲁国成为齐国附庸。于是，黎锄写了一封"言辞恳切"的书信给鲁定公，提议两国交好结盟。鲁定公大喜，但孔子却看出了阴谋，一语道破天机："齐国担忧我国国力增强而构成威胁，想趁鲁国羽翼未丰之时，借会盟胁迫鲁国从属齐国。"大臣们一听，个个不知所措，鲁定公更是惊恐万分，但孔子却镇定自若，主动请求陪同鲁定公一同前往。临行之前，孔子吩咐左右司马（掌管警卫）率精兵五百，埋伏在会盟之地，以备不测。

会盟当日，黎锄以乐舞助兴为由，吩咐一群面目狰狞的舞者，手持兵器逼近鲁定公。孔子见势不妙，立即拔剑护住鲁定公，大喝一声："司马何在?!"鲁国的左右司马纵身上坛，拔剑直指齐景公。黎锄见此，被迫命令舞者退下。一场即将发生的争斗顷刻化解。随后，黎锄又以发兵鲁国为要挟，逼迫鲁定公签下不平等盟约。这时，孔子命令左右司马摇起信号旗，顿时，不远处树起一片片鲁国旗帜。黎锄大惊失色，知道对方早有准备，只好作罢。孔子带着鲁定公离开会盟地后,齐景公懊恼不已,说:"这个孔丘,我真小看他了,没想到赔了夫人又折兵!"

会盟之后,孔子威望大增,季桓子转而很忌惮他。齐国也想离间孔子和鲁定公的关系,于是便阴谋与季桓子串通,故意赠送许多马车、美女给鲁定公,迷惑君心,使他疏远孔子。孔子知道世风败坏,大道不能推行,便毅然离开了鲁国,开始周游列国……

人生箴言

> 恭则不侮,宽则得众,信则人任焉,敏则有功,惠则足以使人。
>
> ——《论语·阳货》。

成长启示

恭敬谨慎就不致遭受侮辱,宽容厚道就会得到众人的拥护,诚实守信就会得到别人的任用,勤奋敏捷就会做出成绩,仁慈施惠就能够使人心甘情愿地帮助自己。

郑板桥卖字赈灾

　　清朝乾隆年间,大街上。只见书画家郑板桥边比划,边往前走,一不小心碰到了前面的木竿,他头也没抬,说了声"对不起",继续往前走。这时,一个乞丐上前乞讨,身着便服的郑板桥问他为何落到如此凄惨的地步?乞丐叹道:"年年遭饥荒,县中一些以万有财为首的奸商又趁机抬高粮价,我们是没有办法才走这一步的啊!现在这个新来的县太爷郑燮(郑板桥的名),听说是个书呆子,整天只知道练字,从来不过问老百姓死活;况且历来官商勾结,我们去告,不是自讨苦吃吗?"郑板桥并不生气,给了几个铜钱,转身回府。

　　县衙里,郑板桥责问衙役有无此事,衙役点头称有,并且劝告他刚来不要得罪奸商,他们都是手眼通天的家伙,不仅抬高粮价,而且还以低价收购郑板桥为老百姓写的字、作的画,再以高价卖出。郑板桥听罢,决心要戏弄、惩治一下这些奸商。

　　郑板桥在书房里反复临摹北宋书法家黄庭坚的字迹,已经达到了可以乱真的地步,但仍觉得缺少点什么。夫人叫他去吃饭,他没有理会。直到深夜,躺在床上,还在练字,夫人劝他休息,他却在夫人的背上练起字来。夫人责备他说:"人各有一体,为什么非要在我身上写字呢?"郑板桥像醒悟了什么,飞奔了出去。原来他从夫人的话里得到了启示,字要写得好,一定要有自己的字体。郑板桥将书房里临摹的黄庭坚的字全部烧毁,夫人赶来询问,郑板桥哈哈大笑:"烧掉这些字是为了不让那些黑心人赚钱!"夫人不知所云。

郑板桥让管家假扮成"京城画师",前去拜访县中首富万有财。万有财急忙相迎,"京城画师"说愿大量收购郑板桥真迹。万有财大喜,立即取出大量郑板桥的字画,"京城画师"看后,不露声色地说:"这些东西不值钱,我要的是郑板桥新创的'六分半'体!"说罢,让侍从拿出一幅字展开,口称:"前几天,我托人花了三千两银子才搞到郑板桥这幅字,你看,这和他以前的字大不相同,它结合了真、草、隶、篆四种书体,再加上绘画技法,糅合而成的。如果你能搞到这种字,我每幅都以三千两银子的价钱收购,你看怎么样?"万有财见有利可图,连连称好。"京城画师"要求三天之后就来取字。出了万家,"京城画师"又依次来到其他几户富豪家里,依法炮制。侍从不知就里,郑板桥大笑:"三日之后,必有好戏可看!"

第二天一大早,万有财等几个富豪就不约而同,派人前来拜访新来的县太爷以图求字。郑板桥提出求字不行,卖字可以,但要卖个好价钱,这几人谁也不服谁,争相报价。最后郑板桥以每幅字两千五百两银子的价格卖给了万有财派来的人,其他几人愤而离去。万有财拿到字幅后,觉得赢头不大,对几个富豪非常不满,自恃财大气粗,决定降下粮价,挤垮其他几人,然后再抬高粮价,捞回损失。其他几家富豪知道后,也气愤不已,决定联手对付万有财,一时县中粮价猛降。郑板桥当机立断,命人将卖字所得银两迅速收购粮食,散发给灾民。正当万有财等人快要支持不住、急切等待那个"京城画师"前来"救命"时,有人来报信说,那个"画师"就是郑板桥管家扮的,富豪们这才知道上当了,全都瘫坐在地上。

这时,为民造福的郑板桥已经挂印而去,他又回到了老家扬州

(今江苏扬州市)卖起了字画,仍然是穷人"买画"分文不取。

人生箴言

与人善言,暖于布帛;伤人以言,深于矛戟。

——《荀子·荣辱》。

成长启示

对别人说善意的话,比给他穿件衣服还暖和;对别人恶言相向,比用矛戟刺人伤得还深。

萧何冒死荐韩信

秦朝末年。汉王府中,刘邦正在为项羽自封西楚霸王、而让他蜗居汉中不满时,有一个士兵报告:丞相萧何逃跑了。军中已经有十几个将士逃走,是因为他们怀疑刘邦的实力,而位居丞相的萧何也逃走,不要说樊哙、曹参等几位将军不理解,刘邦更是百思不得其解。

一日,刘邦正在府中看书,一侍卫禀报:萧丞相在府外候见。刘邦急忙召见。萧何一进来,刘邦劈头便问他:为何弃我而去?临阵脱逃是要杀头的。萧何解释说是去追韩信。刘邦纳闷了,放着十几个将士不追,而去追一个管粮草的小吏?萧何告诉刘邦:十几个将士容易得到,我冒死去追的韩信却是个难得人才。此人雄才大略,可拜大将军,汉王夺天下非用他不可。这个建议虽然遭到了曹参、樊哙等人的反对,但最终还是被刘邦采纳了。

拜完大将军后,刘邦问韩信对战局有何看法。韩信告诉刘邦:目前汉军士气不高,是将士们没看透时局。汉军在勇敢、善战和数量上均不如楚军,但此态势并非不可逆转,因为项羽不善于用有才能的将领,他只是匹夫之勇;且平时他不论功行赏,因而不得人心,"失去民心的项羽是很容易削弱的"。韩信肯定了刘邦采取的入秦地时秋毫无犯、废除秦朝的苛刻刑法、与秦地百姓约法三章等措施,认为一定会深得民众拥护。他建议刘邦顺应民心,举兵东进。刘邦听了韩信的精辟分析,深为能得到这样的人才而兴奋。

当刘邦为几个月来汉军平定三秦之地,魏王、河南王、韩王都归降自己而庆功时,韩信告诉刘邦,目前汉军东进的最大障碍是魏王豹,因他假借探亲在黄河对岸封锁渡口,一面又暗中与项羽联系。刘邦当即封韩信为左丞相,率军攻打魏王豹。正当魏王觉得依仗黄河天然屏障,加上严密把守可高枕无忧时,韩信使用声东击西的战术,领兵杀向魏王府……

打败魏王豹后,在萧何的支持下,韩信向刘邦建议应乘胜攻打赵国。刘邦再次采纳了他的建议。韩信看透骄傲自大的赵王成安君是不会听谋士广武君话的,所以抓住时机,命樊哙领两千士兵举旗在山坡上埋伏,自己领军背水一战。当双方鏖战时,樊哙领兵趁虚攻入赵营并换上汉军旗帜。赵国将士发现自己大本营被占,无心恋战纷纷败退,赵王无力挽回战局。战后,汉军将领问韩信为何要置部队于背水一战的境地,韩信告诉他们,自己领的是一支刚刚组建、未经严格训练的部队,只有置之无逃生希望的境地,将士们才肯拼命作战,樊哙与众将士都很佩服韩信的领军才能。

打败赵国后,韩信将被俘虏的广武君当做上宾对待,认真听取他对下一步作战方略的建议。韩信如此对待广武君,说明他不但会打仗,也十分看重人才。

人生箴言

海不辞水,故能成其大;山不辞土石,故能成其高。

——《管子·形势解》。

成长启示

大海不嫌弃任何水流,因此能成就它的宽广;高山不拒绝任何泥土石块,因而能成就它的高大。

翟璜巧语救忠臣

战国时,魏国土昌宏伟的人殿里。魏文侯高坐君位,相国翟璜站在旁边,文武百官垂手侍立。原来正在举行仪式,欢迎魏文侯的弟弟魏成子和随军学习的太子征讨中山国得胜还朝。封赏时,魏文侯把中山国封给了自己的儿子,而对立下赫赫战功的魏成子却只赏了一些金银珠宝。魏成子非常不满,退朝后找相国翟璜诉苦。翟璜微笑道:"将军息怒。此番作战,将军有勇有谋,为国建功,天下皆知。大王让他最喜爱的太子跟随将军,正是对将军的肯定和信任。封赏一事,大王已经如此决定,我等不便贸然违抗,还需从长计议。"

第二天,魏文侯出城狩猎,随着狩猎车队的行进,前方的树林中隐约出现了一户人家。魏文侯问翟璜:"前方是何人居所? 看起来气宇不俗啊!"翟璜答道:"大王,这是著名大学士段干木的隐居之所。"魏文侯想了一想,道:"段干木? 就是一直不愿意出来做官的那个?"翟璜道:"正是。大王曾令任座数次去请他出山。"说话间车队已经来到段干木居所前,魏文侯道:"停车。"魏文侯等一干人来到后院,只见菜地数亩。一个老者背朝众人,正在锄地,他就是段干木,因为年事已高,不愿出来当官了。任座是负责铨选的官员,以前已经来过几次都遭到了拒绝,可这次魏王亲自来,他只好把说过的话又重复了一遍。段干木依然固执地托病不去。魏文侯满脸不高兴,认为段学士如此顽固,是看不起魏国,正欲发作,一旁的翟璜轻轻地对他说:"大王,段干木执意不从不便强留。他是天下有名的贤士,我们当以礼相待,以示尊重人才。"说完,又对段干木道:"段学士乃一代大儒,能在魏国养老也是我们的荣幸。就此作别,多有打扰,顺祝您老福寿安康。"段干木深为感动,转身还礼道:"多谢。"

狩猎归来,大厅内张灯结彩,举行庆祝魏国国庆大典。魏文侯让人家评说自己的功过,百官都不敢说。魏文侯道:"众爱卿,不必拘束,来来来。"胖胖的上卿(高级执政官)眼珠一转,满脸堆笑道:"大王,您使魏国变得更强盛了,仅凭这一点,就足以证明您功德盖世。"上卿旁边的大夫子高紧紧跟上,道:"大王,您尊重人才,即使像段干木这样不识抬举的老头,您还亲自拜访,致以国礼,所以四方贤士都会归于魏国啊!"……发言者一个接一个,庆祝大会成了颂扬大会。

这时,任座突然说:"大王薄情寡义,行事不公。"魏文侯正色道:"愿闻其详。"任座道:"中山国一战,大将军魏成子劳苦功高,理应成为新中山国侯,可您却把它封给了太子。"魏文侯愣住了,众大臣几乎不敢相信自己的耳朵……上卿大声道:"大王,任座公然诽谤,罪论欺君!"

就在这人命关天的时刻,相国翟璜站了起来,若无其事地走到魏文侯旁边,行了一个大礼,大声道:"恭喜大王! 恭喜大王!"众大臣面面相觑。翟璜继续道:"臣听说,因为有贤明的君主,才有直率的大臣。任座敢于以言语冒犯大王,正是因为大王您贤明仁厚,善于纳谏啊!"任座跪在门外,道:"臣任座爱国心切,言语冒犯,罪该万死。"魏文侯道:"任座请起! 寡人非但不怪罪于你,还要赐酒一杯!"任座惊讶地抬起头。魏文侯举杯道:"来,为我魏国有这样的忠臣,为我魏国今后的强大,满饮此杯!"大厅内一片欢腾。翟璜笑容可掬地走到上卿面前:"上卿,干!"上卿尴尬地一笑:"干,干……"

人生箴言

> 不吹毛而求小疵,不洗垢而察难知。
>
> ——《韩非子·大本》。

成长启示

不要吹开皮毛而刻意找寻小小的疤痕,不要洗净污垢而察找难以知晓的毛病。

外举不弃仇，内举不失亲

春秋时候，晋国有个大夫，名叫祁奚，非常正直贤明。晋悼公即位以后，让他担任中军尉，管理军政事务。

过了几年，祁奚老了，请求辞去中军尉的职务。晋悼公问他说："你告老以后，谁可以接替你的职务呢？"

祁奚回答说："解狐可以接替我做中军尉。"

晋悼公吃惊地说："解狐不是你的仇人吗？"

祁奚说："你问的是谁可以接替我的职务，不是问谁是我的仇人呀！"

晋悼公想了想，觉得解狐确实是个合适的人选，决定让解狐接替祁奚的职务。

晋悼公任命解狐做中军尉这件事还没有来得及宣布，不料解狐突然生急病死了。晋悼公又问祁奚说："想不到解狐生病死了，如今还有谁可以接替你呢？"

祁奚说："祁午可以胜任。"

晋悼公说："祁午不是你的儿子吗？"

祁奚说："祁午是我的儿子。可是，你问的是谁可以接替我的职务，不是问谁是我的儿子呀！"

祁奚停顿了一下，又接下去说："祁午小时候，温顺听话，有事外出就事先禀告去向，爱好学习，不贪玩。他长大以后，还是非常听话，坚持学习，他为人正直，仁惠慈爱，很讲礼节，能安定大事，不合理的事情不能使他改变态度,没有上面的命令他不肯轻易行动。如果让他处理军政事务,他将会比我强。请允许我推举我的儿子,并请你酌量决定。"

晋悼公听了,很是满意,就任命祁午为中军尉,接替祁奚。祁午接任以后,果然非常称职。在他任职期间,军中没有一点失误的政令。

祁奚推举人才,既不丢弃仇人,又不失掉亲人,处处从国家利益考虑,真正做到大公无私。晋国官民知道以后,没有一个不夸奖他。

十八年以后,有个晋国官员讲到祁奚时还说:"祁大夫外举不弃仇,内举不失亲。他老人家真是个正直贤明的人啊!"

人生箴言

> 水至清则无鱼,人至察则无徒。
>
> ——《礼记·子张问入官》。

成长启示

水太清就会没有鱼,人过分苛求就会没有同伴。

第三章
我们的生活需要容忍

容忍是指人们在正常交往中表现出来的容人容事,有良好的心理应激反应能力的一种社会心理特质。容忍是心理健康的表现,也是身体健康不可缺少的要素。容忍作为处理人际关系的态度,直接影响着个人的身心健康。

在社会生活中,人与人之间的交往不可避免会出现矛盾,有时候不被人理解,以致受委屈,甚至遭到诬陷。如果你心胸博大,以包罗江海的度量,宽容忍耐,这不仅能使你保持心理上的平衡,还对你的身体大有好处。"忍得一时之气,免得百日之忧",这话富有哲理。如果因为鸡毛蒜皮的小事互不相让,非要争个我高你低,你死我活,不仅误了大事,还有损身体健康。

有人认为容忍吃亏、受气、丢面子,是懦弱的表现,这可以说完全没有理解容忍的真正意义。其实,容忍是一种美德。为人处事,只能得不能失,吃不得半点亏,受不得半点气,是不切合实际的,也是十分有害的。容忍实质上是一个人思想修养的表现。

容忍是大度的表现。人的一生中,不痛快的事情十有八九,有的事情会使你怒火中烧。而此时此刻也最能体现一个人的修养、气质和风度。历史上,那些在关键时刻能够以大局为重,把一般人难以容忍的事吞进肚里的人向来为人们所称道。

容忍还是理智的表现。当双方发生矛盾冲突时,特别是当个人的利益受到侵害时,有理智的人会保持清醒的头脑,克制自己,耐心地讲道理,进行说服、规劝,及时化解矛盾,而不会恶语相向,轻易地采取过激的行为。为了全局的利益、集体的利益,要甘愿吃亏。

地球上最宽阔的是海洋,比海洋更宽阔的是天空,比天空更宽阔的是人的胸怀。许多格言都告诉我们对人对事应克制容忍。让我们在生活中学会容忍。让容忍带给我们健康的身心。

嫉贤妒才,几乎是人的本性。愿意别人比自己强的人并不多。所以有才能的人会遭受更多的不幸和磨难,木秀于林,风必摧之。

——读书札记

76

林则徐封仓救灾

清朝道光四年(1824年),林则徐任江苏按察使。半个多月来,天天下大雨。林则徐站在窗前,双眉紧锁。他想,这雨再要不停,涝灾便会使农民颗粒无收。老天爷,你若有眼,就停一停吧!停一停吧!老天并不因林则徐忧心如焚而转晴停雨,不但不停,反而越下越大。又是几天的阴雨。尽管林则徐想尽办法,开渠挖沟,排水除涝,但仍然面临着大面积的灾荒。逃荒的人成群结队,不断有人饿死病死在荒郊野外。

林则徐换上便服,来到乡间,察看灾情。之后,又到城镇了解粮食价格。在一家存米不多的粮店,林则徐询问老板:"你的米多少钱一斗?"老板满脸愁容,说:"每斗七百文。"林则徐惊叹道:"怎么涨到这个价格,比灾前竟涨了一倍!"老板诉苦说:"没有办法!即使涨价,也无法解决米荒。我店没有存货,卖完也就得关门了。"林则徐打量打量了粮店,问:"这里有什么秘密?"老板叹了口气,说:"财主囤粮,百姓遭殃啊!"说到此处,老板不再讲了。林则徐点了点头,听出老板话中有话,心里已有了新的谋划。

林则徐回到衙门,立即行文,发布官府告示:"连日阴雨,造成灾害。荒民遍地,已无生路。米行要即时粜米,以平市价。殷绅富户,存积米粮,亦需乘时出粜,不许观望迁延。"

告示贴出以后,百姓见生机有望,纷纷高呼:"林青天知民之心!""林大人救了我们啊!"

林则徐经多方了解，终于探知一个名叫潘世恩的富家囤粮万石，不肯救济灾民。这潘家的主人潘世恩，是朝廷大员，原在京师做官，目前正在家为父亲守孝。林则徐为了解救灾民苦难，不顾个人劳累，亲自来到潘世恩家，动员潘家开仓粜米，赈济饥民。潘世恩傲慢地说："林大人亲自登门来劝，本应给大人一个面子。可本官并非那种随便赏人脸面的人。实话相告，我家没有粮食去赈济饥民。"林则徐心中虽然愤怒，但忍了又忍，问："大人说贵府没有米？"潘世恩点头说："对，没有可以赈济别人之米。"

林则徐又苦劝道："潘大人三思，若能救救灾民，当是功德无量之事。还望潘大人发济世之心。"潘世恩冷冷一笑，说："本官心有余而力不足呀！""真的？""真的！""潘大人家里那众多粮仓——"没等林则徐说完，潘世恩就连连说："那些粮仓都……都是……都是空的。""空的？""空的。"

潘世恩不敢用硬的办法，因为如若林则徐向朝廷告他一状，他也怕皇上怪罪，所以就声称粮仓是空的。林则徐虽官居按察使，但料他没有胆量搜查朝廷命官。林则徐沉思一下，心中早已有了主意。他不慌不忙，但又软中有硬地说："空的？哈哈，那太好了！"

潘世恩丈二和尚摸不着头脑，吃惊地望着林则徐。林则徐大声接着说："既然潘大人的粮仓是空的，那本官就暂时借用一下。"潘世恩措手不及，反问："借用？"林则徐站起身，态度坚决地说："对，借用一下！"

说罢，他立即命令手下人将潘世恩家的粮仓全部贴上封条，派人看守。潘世恩追悔莫及，恨透了林则徐，却又无可奈何。过了一天，林则徐开仓放米，赈济饥民。

林则徐为百姓智斗权富,威名大振。

人生箴言

君子莫大乎与人为善。

——《孟子·公孙丑上》。

成长启示

君子最高的德行就是同别人一道行善。

东坡助人偿债

　　北宋政治家范仲淹提出自己为人处世的准则："先天下之忧而忧,后天下之乐而乐。"这既体现了一种忧国忧民,关心民众疾苦的宏大抱负,也表达了一种急人之所急,想人之所想的与人为善的情怀。中国古代许多志士仁人都是这样去身体力行的。我国著名的文学家苏东坡就是这样一个忧人之所忧、同情关心他人的光辉典范。他不仅关心祖国的安危荣辱,而且对身边的人也同样关怀,见人有了困难总是倾力帮助。

　　东坡先生在钱塘任职时,有人告发了一位欠绫绢钱二万而不还的人。先生仔细查看状纸,推敲实际情形,觉得被告不像是个阴险狡诈、故意欠钱不还的无赖,于是马上差人叫这人来问话,看究竟是怎么回事。这人到了堂上,行过礼后便低头默默不语,既不向东坡哭诉,也不大喊冤枉,只是满脸愁苦的样子,偶尔叹一口气。东坡见他衣着破旧,行为规矩,倒像是个通情达理的穷苦老实人,于是问道:"有人告你欠钱不还,你可知罪?"这人叩头表示认罪。东坡见他毫不申辩,于是又问:"我看你并不像胡搅蛮缠的人,你不还钱,是不是有什么隐情?"这人抬头感激地看了东坡一眼,见东坡与那些只求得过且过、办案草草了事的官员不同,于是恭恭敬敬地回答道:"我家世代以制扇为业,而今父亲刚刚去世,妻子又在这时候生了孩子;加之从今春以来,阴雨连绵,天气寒冷,做好的扇子卖不出去,造成大量积压。实在是无钱还债,不是我故意拖欠不还。"

东坡仔细打量了他半天,觉得这人如果仅因为无力偿债而坐牢,实在有些冤枉,并且会给他本来就已经十分窘困的家里雪上加霜。东坡不由得对他动了恻隐之心。这时他突然想出了一个主意,就对这卖扇人说:"姑且把你所做的扇子拿来,我为你卖出去。"这人抬头惊讶地说:"这怎么行呢?您可是大老爷啊!"苏东坡笑笑,挥一挥袖子说道:"你去就是了。"这人连忙叩头谢恩,然后跟着两个差人往家里走去。

不一会儿扇子拿来了。东坡取出夹绢做的白团扇二十把,提起书案上批文用的判笔,在扇面上或作行草书法,或作枯木竹石绘画,不出一顿饭的工夫就完成了。只见原本洁白的扇面上,顿时出现了行云流水的书法和栩栩如生的图画,有的翩若惊鸿,有的矫若游龙,有的活灵活现,有的超尘脱俗。东坡把它们交给卖扇人说:"拿出去卖掉,赶快偿还所欠的债。"这个人抱着扇子感激涕零地出去了。刚刚走出公府大门,一些好奇的人争着以高价买团扇,这人手中的扇子一下子就卖完了;后来的没能买到扇子的人,都紧紧地围着卖扇人,想看看还能不能以更高的价钱购得一把,最后发现实在是没有了,才十分懊丧地走了。卖扇人还清了所欠的债,还得到一点盈余。

整个县城的人听到这件事都嗟叹再三,甚至有人为东坡此举感动得掉了眼泪。

人生箴言

不贵于无过,而贵于能改过。

——王守仁《改过》。

成长启示

一个人的可贵之处，不在于他没有过错，而在于他能改过。

姜子牙平易近人

商朝末期，武王的弟弟周公旦与姜子牙等人辅佐武王伐纣，建立了周朝，被封为鲁公。后来，武王去世，由于成王尚年少，周公旦担心天下大乱，就暂时代理成王处理国事。

周公旦一心一意辅佐成王，从来不顾流言蜚语。一天，周公旦让儿子伯禽代替自己到鲁国去处理事务，临行前，他再三告诫伯禽："我是文王的儿子，武王的弟弟，成王的叔叔，对于整个天下来说，我的地位已经不低了。但是，我常常在洗头时三次捉起头发，吃饭时三次吐出口中的食物，匆忙赶去礼待贤士，唯恐错过天下英才。你到鲁国后，千万小心，不要以拥有鲁国而以傲慢的态度对人。"

三年后，伯禽才把鲁国的情况报告给周公旦。周公旦很不高兴，他质问伯禽为什么过了三年才把鲁国的情况进行汇报。伯禽说他致力于改革鲁国的生活习惯和礼法，因此用了三年的时间才完成。

与此同时，姜子牙也从齐国赶来向周公旦报告那里的情况。姜子牙受封于齐国只有五个月的时间就来报告那里的情况，周公旦有点不相信这会是真的，甚至怀疑姜子牙没有认真调查完毕就匆匆回来汇报，于是惊讶地问他："你怎么这么快就来报告情况了？难道齐国有什么事情难以办妥？"

姜子牙回答道："不是。是你交代的事我已办妥，特意赶来向你汇报。"

周公旦难以置信。可姜子牙却很肯定地告诉他："是真的，子牙不敢欺骗你。之所以那么快就完成任务，是因为我简化了君臣之间的礼仪，政事也顺从了民间的习俗，所以很快就治理好了。"

周公旦一听，马上默然不语。沉思了片刻后，他才自言自语地说："唉，照这样下去，鲁国一定治理不好。把君臣之间的礼仪搞得那么复杂、繁琐，使百姓无法接近你，他们就会离你越来越远。如果对老百姓的态度谦和一些，不摆官架子，平易近人，百姓就会归顺你了。"于是，他让伯禽照着姜子牙治理齐国的方法前去治理鲁国。伯禽返回鲁国后，采取了平易近人的措施，很快就把很多政事处理好了。

人生箴言

公私不可不明，法禁不可不审。

——《韩非子·饰邪》。

成长启示

公私的分明不可以不清楚,法律禁令不可以不严明。

施耐庵卖画

施耐庵不仅是一位远近闻名的小说家,还是一名画家。他擅长画牡丹,笔下的牡丹惟妙惟肖,十分精妙。

但施耐庵却有一个怪癖:每画好一幅画,只挂在书房里让几个好友观赏。然后就把画烧掉,从来不卖也不外传。因此,好多达官贵人都想得到他的画作,但每求总不得。

有一年冬天,邻居王大抱着孩子从门前走过,在街边求人买下他五岁的孩子,只见那男孩死命抱住王大,哭喊不停。施耐庵看到这个情景,心里十分难受,追问原因。王大哭着说:"前年妻子临死的时候,借了二两银子的高利贷,连本带利算下来现在已有十余两了。债主天天逼债,我实在无力偿还,就……"说完,就拉着孩子给施耐庵磕头,求他买下自己的孩子。

至此,施耐庵终于打破惯例,当即挥毫泼墨作画一幅。随后,他把画送给王大,让他卖些银两,好偿还高利贷。王大把画拿到集市,很快将画出售,得十数两银子偿还了债务。

人生箴言

善恶生于公私。

——独孤及《对诏策》。

成长启示

做好事出于公心,干坏事出于私念。

五担麦子

范纯仁是北宋著名文学家、政治家范仲淹的儿子,他受父亲影响,性情敦厚善良、正直无私。有一次,范仲淹让他把五担麦子从水路运回家乡,范纯仁于是带着人从运河出发了。

一天傍晚,范纯仁一行靠岸休息。岸上传来一阵喧闹声,纯仁走上岸去,只见一个衣衫褴褛的中年人正在卖字画,旁边还站着许多围观的人。

中年人脸色憔悴,语调凄切:"在下石曼卿,父母双亡却无钱安葬,无奈在此卖字。请各位过往好人开恩,买些字画,好让在下父母早些入土为安,了却我为人子的心愿。"

纯仁内心感到一阵痛楚。于是他走上前,问道:"先生的遭遇令人叹息,可是这卖字画所得的钱款微乎其微,先生何时才能筹足安葬费呢?"

石曼卿仰天长叹一声,忍不住潸然泪下。

范纯仁见了,心中更加不忍。忽然,他上前几步,举起双手,把挂在墙壁上的字画全摘了下来,然后大声说:"先生,这些字画我全要了。"

石曼卿大喜过望,可是神情马上又黯淡了下来,低声说道:"我的笔墨平平,相公不该一下子买我这么多字画。"

纯仁说:"你我都是读书人,买不买字画都是小事,你就当交了我这个朋友吧。"说完,便拉着石曼卿走向小船。

纯仁指着五担麦子说："石先生,你我虽然是萍水相逢,但君子当急人所急。今日先生有急难之事,我理当相助。这五担麦子是家父让我送回老家的,请先生收下,拿回家去卖掉,再买块坟地安葬老人吧!"

石曼卿一时语塞,只是一个劲地摇手:"万万不可,万万不可……"

"先生不必客气,这些麦子就当是我借给先生的,他日先生方便时再还我就是了。"纯仁说着,吩咐仆人赶快去抬麦子。

石曼卿感激得泪如雨下。

回家后,纯仁将此事一五一十地禀报父亲。范仲淹非但没有责怪他,反倒高兴地夸奖道:"孩子,你做得对! 君子当急人所急!"

人生箴言

君子和而不同,小人同而不和。

——《论语·子路》。

成长启示

君子与人和谐相处,却有自己的主见;小人容易苟同别人,却不能与人和平共处。

荀巨伯探望朋友

东汉人荀巨伯非常看重情义,对待朋友热情坦诚,朋友遇到困难就像他自己遇到一样,总是尽心尽力去帮忙解决。

这天,荀巨伯到很远的地方去探望一位生病的朋友。这位朋友一直是独身一人居住,没有什么家人和亲戚,所以荀巨伯决定前去照料他。当荀巨伯找到朋友家中时,却正好碰上胡贼攻打朋友所在的郡城。

朋友神情黯然地躺在病床上,有气无力地长吁短叹。他见荀巨伯前来探病,既高兴又难过,紧紧握住荀巨伯的手说:"你能来我这里,我非常感激;但是现在这个时候……看来我今天是死定了,你还是马上离开这儿吧,这里实在是太危险了!"

荀巨伯看着朋友频频催促的目光,摇摇头说:"我专程远道来看望你,你却因为危险而要我离开,这不是叫我丢掉朋友之间的情谊,见死不救,自个儿逃生吗?我是个有情义的人,我决不会这样做!"荀巨伯没有听从朋友的劝告,坚持留下来照顾患病的朋友,一步也不离开。

凶恶的胡贼终于攻入城里。这时城里的人早已逃得精光,街上静悄悄的,连个人影也看不见,到处都是一片萧条冷清的景象。胡贼闯进朋友家中,看到荀巨伯依然留在这里,都感到非常奇怪,问:"大军一到,全城的人跑得无影无踪,都想脱离危险。你怎么敢留在这里不走,难道不怕死吗?"

荀巨伯面对入侵者,镇定地说:"我的这位朋友正在生病,我来看望他,实在不忍心丢下他不管。我愿用我的生命换取朋友的生命……"

胡贼们烧杀抢掠到过不少地方,为非作歹,做尽坏事。他们你看看我,我看看你,好久也说不出一句话来。他们围在一块议论,都说:"想不到世上居然有这样的人!看来,我们这些没有仁义的人,闯进了讲仁义的国家。"

胡贼被荀巨伯这种不顾个人安危、舍命帮助朋友的无畏精神和高尚情操所感动,经过商议,他们终于收起兵马回去了。

荀巨伯不仅保护了朋友,而且挽救了整个郡城。这不能不说是荀巨伯立下的功劳。城里的百姓们回来后,听说了这个故事,都对荀巨伯十分感激和佩服。

人生箴言

人义其自爱也,而后人爱诸;人义其自敬也,万衬后人敬诸。

——扬雄《法言·君子》。

成长启示

人一定要自爱,然后才能被他人所爱;人一定要自尊,然后才能被他人尊敬。

沈道虔乐于助人

沈道虔是吴兴武康人,是我国宋朝时一位品德高尚的隐士。他蔑视当朝权贵,不满统治者的懦弱无能,看不惯官场中"举秀才,不知书;察孝廉,父别居。寒素清白浊如泥,高第良将怯如鸡"的腐败现象,就早早地辞官不做,仿效陶渊明,当了一名隐逸世外的农夫。

尽管种地的日子非常清贫、辛苦,刚够填饱肚子,但沈道虔只要一有机会,总是尽可能地去帮助、周济别人。有时候甚至宁可自己挨饿,也要把地里种出的一点粮食让给其他更困难的人。

有一次,沈道虔外出访友。一个小伙子趁他不在,偷偷溜进他的菜园里拔园中的萝卜吃。正好这天沈道虔的朋友并不在家,于是他很快就回来了。刚刚走到村边,沈道虔发现了自己园子里有人在偷萝卜。要是换作别人,一定会悄悄走过去,抓住偷萝卜的人,叫他赔偿。可沈道虔并不这样,他跑到村里的草垛后躲起来,等到那偷萝卜的人偷够了离开菜园后,他才出来。村里有人发现了躲在草垛后的沈道虔,问明情况后好奇地说:"沈居士,就算你不追究他偷你东西,起码也该阻止一下啊。你倒好,反而躲起来怕他发现,好像你是贼似的。把你园中的萝卜偷光了,看你吃什么!"沈道虔笑笑说:"他偷萝卜是因为饿得太厉害了,我要是突然出现,一定会吓着他。几个萝卜算不了什么,总不能为这点小事伤了人家的自尊心,坏了别人的名声啊。"

又有一个人偷沈家屋后的竹笋，沈道虔劝阻说："我珍惜这些竹笋，是想让它长成竹林，我有比这更好的竹笋再送给你。"于是自己掏钱买了一些大竹笋送给那个人。那偷拔竹笋的人感到十分惭愧，没有接受，沈道虔便亲自把竹笋送到那人的家中才回来。

遇上干旱或水灾的时节，田里收成不好，沈道虔常常靠拾取别人收割后、田里遗留下来的禾穗过日子。有一次，同他一块去拾禾穗的人为了几株禾穗发生了争吵。沈道虔几次劝阻，他们还是吵嚷不休，沈道虔就把自己拾得的禾穗都给了他们。争吵的人感到十分内疚，都推辞不受。后来每当与人发生争执时，他们就互相告诫说："不要让沈居士知道了。"

冬天，沈道虔没有钱添衣御寒，这件事被当时著名的山水画家戴颙知道了。戴颙十分爱惜沈道虔这样的人才，便把他接到家中，替他做了好几件冬衣，并送给他一万钱。沈道虔回到家中，发现乡里还有好几个冻得缩在屋角发抖的邻居，就把戴颙送给他的衣服和钱，全部分给了这些没有衣服的人。

人生箴言

君子成人之美，不成人之恶。

——《论语·颜渊》。

成长启示

君子要成全别人的好事，不促成别人的坏事。

宋仁宗体恤臣子

宋仁宗赵祯是我国宋朝时候一位宽厚的皇帝,因此他在死后被谥为"仁宗",这是表彰他有道德,有仁爱的意思。他虽然贵为天子,却能够严格要求自己,时时处处为他人着想,因而深受臣子的爱戴。

有一年的春日,天气很好,宋仁宗处理完政事,来到宫廷外面散步。他散步到御花园中,一路上频频回顾,不时露出十分焦虑的表情,左右的人都猜不出圣上是什么意思,于是纷纷跟在后边揣测不已。等到返回宫中,仁宗未进宫门便大声喊着嫔妃的名字说:"我渴极了,快拿茶来!"嫔妃立刻将茶水呈上,仁宗一口气喝下了好几杯,这才露出满意的神情。嫔妃好奇地询问道:"皇上不是在御花园中散步吗?为什么不在外面就让随侍的人备水,反而等到返回宫中,渴了这么久呢?"仁宗回答道:"我多次回头看,不见掌管茶酒的御厨。如果发问,就会有人因此而受到责罚,所以忍着渴回来了。"左右的人听了都跪拜在地,激动地高呼万岁不止。

一次,宋仁宗举行郊祀祭礼,设宴招待百官。郎官王易知饮酒过量,宴席还没结束,就趴在殿前呕吐不止。御史在仁宗面前进行弹劾,认为王易知有失礼仪。仁宗宽恕了郎官,不打算受理此事。宰相听说后,第二天上书禀奏仁宗,请仁宗降罪于郎官,以示惩戒。仁宗说:"已经免罪了。"宰相却认为按照先朝惯例,不能赦罪。仁宗回答道:"有失礼仪,只是小过失,可是让一个士大夫因为酒食而受刑罚,叫他以后拿什么脸面见人啊!"坚持赦免了他。

人生箴言

义,志以天下为分。

——《墨子·经说上》。

成长启示

义,就是立志把天下的事作为自己分内的事。

韩琦不惜宝碎

　　韩琦，字稚圭，是北宋相州安阳人。他是宋英宗时候的重臣，曾经当过十年宰相，被封为魏国公。虽然韩琦当了大官，可他从来不仗势欺人，不但对朝廷忠心耿耿，而且对周围的人都十分和善，哪怕是下属或平民，韩琦也总是能够做到设身处地为他们着想。

　　韩琦在北都镇守大名府时，有个穷人卖给他一只玉盏，说是家里祖传的宝贝，因为家乡闹饥荒，日子过不下去了，所以把它献给韩琦，想卖个好价钱以求得半世温饱。韩琦问他需要多少钱，那穷人战战兢兢不敢答话，最后见韩琦脸色温和，才大着胆子抖抖索索地说："二十两……"韩琦笑了笑，吩咐下人送给他一百两银子表示答谢。那人千恩万谢地走了。

　　韩琦这才凝神注视着献上的玉盏，只见玉盏洁白温润，晶莹剔透，里外没有半点瑕疵，而且周身流转着璀璨夺目的光华，堪称绝世之宝。韩琦看得爱不释手，欣赏了好久才把它慎重地放存紫檀木做的柜子里，每三两天就要拿出来观摩、把玩一番，还亲自用布仔细地擦拭，对玉盏珍爱备至。一天，韩琦设下酒宴，请来漕运使和其他的达官贵人一同观赏这件宝物。他特地命人摆上一张桌子，在桌上铺好一层锦缎，然后小心地把玉盏拿来放在上面，打算用它斟上酒，让满座的客人逐一品评。突然，有个卫士冒冒失失地从外面跑进来，一不留神冲进大厅，把桌子碰了一下，玉盏从桌上滚了下来，一下子摔得粉碎。满座的客人都被这一突如其来的事情惊得目瞪口呆,卫士更是吓得面如土色,赶紧伏在地上连连磕头,口里不停地喊着"饶命"。而韩琦却神情泰然,一点儿生气的样子都没有。他笑着对客人们说:"器物总有破碎的时候,何况这玉盏本身就是个非常脆弱的东西,保存不了多久的。"又转过头对那个卫士说:"这本来不是故意造成的,有什么罪可言呢!快起来,快起来,这早没有你的事了。"客人们看到韩琦的这种态度,都佩服不已,不由自主地赞叹说:"韩魏公的气量竟是如此之宽厚啊!"

韩琦关爱士兵、宽厚待人的事迹还有许许多多。他在定武统兵时,因为白天公务繁忙,无暇书写奏章,所以常常利用晚上休息时间撰写一些重要文件。当时用来照明的工具只有蜡烛,为了不让烛油滴到纸上损坏文件,只得每次都派一个侍卫在一旁举着蜡烛照明。有一次,值班的兵士在举蜡烛时,眼睛望到别处,竟使蜡烛烧着了韩琦的胡须。韩琦不以为然,只是用衣袖拂动一下后,便照常写下去。过一会儿,韩琦回头一看,持烛的人已经被换掉了。他担心主事的官员鞭打那兵士,急忙叫道:"不要换他,他刚好懂得了怎样举蜡烛……"军中的官兵听闻此事,都十分地感动、佩服。

人生箴言

言者无罪,闻者足戒。

——白居易《与元九书》。

🕊 **成长启示**

> 说真话的人没有罪过，而听到的人足以引以为戒。

少年思忠赋性宽厚

徒单思忠是金国贵族子弟，也是金太祖之孙、金世宗完颜雍的姻亲，十二岁时随完颜雍住在济南。他从小就心地善良，生性宽厚，从来不责罚下人，对人总是和蔼可亲，深受人们尊敬和爱戴。

有一天，春光明媚，风和日丽，思忠与姻戚公子们出游近郊，一路上又是骑马又是射箭，玩得非常尽兴。突然，有一个喝醉了酒的虬髯大汉，身背弓箭，从公子们身边策马冲撞而过。他们中的一匹马因此而受惊了，将一位公子掀翻在地，所幸没什么大碍。诸公子被激怒了，一声令下，命人将醉汉捆绑起来，要鞭打醉汉。思忠连忙阻止他们说："喝醉了的人昏昧无知，又何足责罚呢！"于是下令放走了他。醉汉走了几十步远，忽然手持弓箭对准了公子们，思忠担心伤害众人，迅速策马奔至他的身旁，夺过弓来，松了弓弦后还给醉汉，挥挥手放他走了。过了一天，醒过酒来的醉汉才明白自己闯下了大祸，连忙负上荆条，跑到思忠的府邸要向他请罪。思忠微微一笑，淡淡地说："这不是你的过错。只是以后喝醉了酒不要到处乱跑便是了。"大汉见思忠如此宽宏大量，更是羞得无地自容，连连叩首称谢才去。

　　徒单思忠为了不打扰百姓,每次出外射猎,总是远远地避开老百姓的田地,不愿践踏庄稼;到了停下来休息时,又总是选择那些空闲的地方驻屯。有一次,他乘马外出,一颗弹丸飞过来,差点伤到他的左臂。思忠手下的人寻找射弹丸的人时,发现一个人手里拿着弹弓,身上带着弹丸,便把那人抓来审问。那人回答时始终不肯承认弹丸是自己射的,而且还出言不逊,辱骂思忠。思忠的随从一怒之下便要鞭打那人,可思忠却阻止了他们,只是要求手下把射过的弹丸和那人身上带的弹丸比较一下,发现两者不相像,便把那人放了。

　　还有一次,徒单思忠丢失了一只盛水的金马盂,没几天就发现了那个偷窃的人。思忠不忍心处罚他,只是把那人喊来责备一番了事。事后思忠还告诫自己亲近的人,不要把此事传出去了,以免坏了别人的名声。

人生箴言

恒,德之固也。

——《周易·系辞下》。

成长启示

　　如果一个人能够坚守德操,持久不变,就能使高尚的道德永恒。

苏东坡爱民

苏东坡是我国北宋著名的、具有多方面才能的文学艺术家,他的诗词文赋以及书画都有着极高的成就。但人们很少注意到,苏东坡还是一个心地善良、关心百姓疾苦、深受人民爱戴的出色的地方官。

当他在杭州任官时,特别注意了解当地人民的生活情况,曾用大量诗歌和文章反映百姓的困苦,促使朝廷减轻了对农民的赋税,修正了苛刻的政法。为此,苏东坡遭到一些官吏的忌恨,甚至差点引来杀身之祸。但他毫不畏惧,依然爱民如子。

熙宁七年,苏东坡被降职到密州任知州。他到任时,密州正在闹旱灾和蝗灾。已经快一年没下雨了,老百姓没有水浇灌庄稼,连饮水都成了问题。加上蝗虫成灾,每当蝗虫飞来的时候,老百姓连仅剩的一点庄稼也难以保存,最后只好背井离乡,四处乞讨。

苏东坡看到密州百姓受苦受难的境况,心里既着急又难过,马上设法筹借粮食,赈济灾民,以安定民心;同时派人收养贫苦百姓家丢弃的孩子,动员流浪的灾民返回家园;还组织密州人民积极抗灾自救。经过他和百姓的共同努力,终于战胜了蝗灾和旱灾,重新让百姓过上了安定的生活。

苏东坡在密州做官仅两三年的时间,为密州人民做了许多好事,赢得了老百姓深厚的友情与信任。有一次,苏东坡要到密州附近的常山去祭天求雨,密州的百姓听到了,几乎全城出动,紧紧跟随他。

熙宁九年,苏东坡调到徐州任知州。上任没几个月,徐州遭遇了特大水灾。徐州以北仅五十里处的黄河决口,大水淹没了四十多个县,三十万顷良田。洪峰很快抵达了徐州城下。不少官员和有钱人已逃离徐州。有人劝苏东坡说:"徐州眼看就要被淹没,你又才到任,还是趁早走吧!"苏东坡全然不听,他贴出告示,告诉徐州人民:苏东坡与徐州城的百姓共存亡。只要苏东坡在,大水一定不会冲垮徐州城!

徐州百姓听到后渐渐安定下来。大家团结一致,在苏东坡的带领下进行抗洪抢险。

苏东坡身先士卒,叫人在城墙顶上搭了个木棚,自己住在里面亲自指挥,好几十天不回家;加固防水工程的民工不足,他又挂着拐杖动员军营里的士兵来参加防洪;修筑东南长堤的民工断了粮,他又急忙到城中调粮。哪里有危险,他就出现在哪里。徐州军民在他的带领下,团结努力,日夜奋战,终于挡住了洪水。四十五天后,大水退去。徐州保住了!徐州人民的生命和财产保住了!

徐州人民万分感激苏知州。他们刻石立碑,永远记下苏东坡的功德。

✹ 人生箴言

> 德,福之基也;无德而福隆,犹无基而厚墉也,其坏也无日矣。
>
> ——《国语·晋语六》。

成长启示

> 高尚的道德是获得福禄的基础;没有好的品德而福禄很多,就如同不打地基而垒起来的厚墙一样,倒塌的日子不会太远了。

孙秀实待人以善

中国有句俗话,叫做"雪里送炭真君子,锦上添花滥小人"。这说明帮助人要帮在别人急难之时,因为那些处于困境中的人更需要别人的抚慰和关心。我国元朝时以"孝友"而闻名当世的孙秀实,就是这样一位雪中送炭、急人所急的人。

孙秀实是元朝大宁人,他秉性宽厚仁慈,热心周济有困难的人。同乡王仲和曾托他作担保,向乡里的富人借钱做生意,后来因为贫穷而没有能力偿还,竟然丢下家里惟一的亲人、他年迈的父亲逃走了,从此杳无音讯。富人虽然相信秀实的为人,但因为借债人连本带利已欠下不少,又已经逃得不知所踪,不得已而向担保人孙秀实讨过好几次债。秀实的家人因此埋怨他轻信王仲和,最后落得个被人催债的下场。秀实却不以为然,反而充满同情地说:"仲和在外面一定过着不安心的苦日子,还有他家里的老父亲,实在是可怜。我们得经常照看着些,才不辜负同乡的情谊啊!"于是,秀实便隔三差五地去仲和家,代他探望老父,并帮着做些力气活,有时还送些吃穿用具过来。

过了几年,仲和的父亲思念儿子,生了重病。秀实每天送去柴米慰问,仲和的父亲还是始终提不起劲来,终日流着眼泪。秀实可怜仲和的老父,不顾别人的拦阻,变卖了自己家里的田产和一些值钱的东西,好不容易代仲和偿还了全部欠债。秀实取回债契还给仲和的父亲,又请别人骑着马带上钱,寻找仲和。过了一个多月,仲和被找回来了,父子终于欢聚,仲和父亲的病也一天天好起来了。

听说此事的人无不赞扬孙秀实的为人。

人生箴言

改身之过,迁身之善,谓之"修身"。
——颜元《颜习斋先生言行录》。

成长启示

改掉身上的过错,发扬身上的善良品质,这就叫做"修身"。

贤母义救裁缝

元世祖至元年间，杭州有位非常富有的郑万户，家有良田千顷，房屋数幢，奴仆百人。郑万户为人相当严厉而急躁，不能容人，别人有一点小过失犯在他手里，他都会狠狠地加以报复。因为他财大势大，所以乡邻都十分怕他，从来不敢轻易与他打交道。但郑万户对待母亲却十分孝顺，对母亲的生活起居照顾得无微不至，母亲有什么要求，他一定马上办到，无论衣食器皿，总是替母亲准备最精美的。

这一年，母亲的寿诞之期快到了。郑万户为了让母亲高兴，特意从京城预先买好了一种有瑞鹤呈祥花纹的绸缎衣料，打算做一件袍子为母亲祝寿。这衣料是郑万户在全京城首屈一指的绸缎坊专门定做的，价格非常昂贵，因此他又在杭州找了一位手艺高超的老裁缝来做这件寿袍。

裁缝小心翼翼地拿了料子回家，日夜精心制作，足足做了半个月才完工。就在准备交付寿袍的前一天夜里，老裁缝担心袍子上万一留下什么瑕疵，被郑万户发现了不好交代，于是半夜爬起来，拿出袍子对着油灯左照右照，生怕出现一点差错。不料正在仔细察看的时候，裁缝不小心脚下一歪，扑倒在桌上，把油灯给撞翻了。裁缝吓得赶紧察看袍子有没有损坏。这一看，他不由得大惊失色：虽然袍子没被烧着，但前襟上却被泼出的灯油污染了很大一块。眼看着无论如何都清洗不掉也遮挡不住了，裁缝又惊又怕，老泪纵横，抖着袍子喃喃自语道："这下完了！这下完了！郑万户一定不会放过我的！就是卖了全家也赔不起这寿袍哇！"想来想去，他竟然趁后半夜想上吊自尽。幸亏家里人发现得早，把裁缝救活过来。

邻居有一位妇女认识郑万户的母亲，她同情裁缝的遭遇，就偷偷地将被油污损了的袍子送到郑万户家中，告诉了他的母亲。郑万户的母亲听说这件事，连忙嘱咐那位妇女好好劝慰裁缝，又托她转交给裁缝双倍的工钱。

到了生日那天，老太太睡在床上不起来，儿子前来问安，见老太太面带愁容，连忙问是何原因。老太太回答说："昨晚把新袍子拿出来看时，恰好桌上的油罐倒下，溅上油，给弄脏了，所以我的心情不好。"儿子对她说："一件袍子坏了，再做一件好了，老人家不必放在心上！"母亲假装转忧为喜，于是起床来接受子孙们的祝贺，跟往年一样地举行了祝寿仪式。

人们知道此事后，都认为她是一位贤明的母亲。

人生箴言

忠言逆耳利于行，良药苦口利于病。

——《增广贤文》。

成长启示

中肯的话虽然难听，却对做事有帮助；好的药虽然很苦，却有利于治病。

秦穆公深得民心

秦穆公是"春秋五霸"之一,他善于用人,宽厚爱民,因而赢得了百姓的支持,人们都愿为他出生入死。

由于一心想称霸天下,秦穆公广招人才,任用百里奚、蹇叔等贤能之士,国家越来越强盛,开始进军中原。

一天,秦穆公要出去打猎时,发现少了一匹黄色的马,那是他最心爱的坐骑。于是他急忙派人去找,找了三天,才在岐山脚下找到马的残肢。原来这匹马跑了出去,被当地的一群农民给杀掉分吃了,吃马肉的有三百人。这下非同小可,当地官吏就要治这些人的罪。秦穆公不愿为了一匹马伤害百姓,于是就饶恕了他们,并且说:"一个贤德的人不应该为了牲口而责罚人民。"又关照随从说,"我听说吃了马肉不喝酒的话,对身体不好。"让随从拿了酒来,给这些百姓喝,百姓深受感动。

这件事发生之后,晋国和秦国打仗。战争的起因是这样的:当初晋国内乱的时候,公子夷吾出逃,后来秦穆公派兵保护他回国,并当上了晋国国君,就是晋惠公。在回国前,惠公与穆公订下了契约,答应穆公回国后将把黄河以西八座城池割让给秦国。晋惠公回国后,违约不给,两国关系从此僵化。后来有一年,晋国逢上大旱灾,向秦国借粮,有人建议不给,并借此机会讨伐晋国,遭到百里奚的反对,百里奚认为百姓没有罪。最终秦国还是借给了晋国粮食。又过了两年,秦国闹饥荒,向晋国借粮,晋惠公与群臣商议后,却听从了一个人的建议,趁机起兵攻秦。

于是,秦穆公率军迎战。不料,却被晋军围困,情形危急。眼看秦穆公就要被俘,事情突然发生了转机:当年吃了秦穆公马肉的三百人赶来,他们拼死冲入晋军的包围,与晋军血战,救出了秦穆公,秦军反败为胜,最后还俘虏了晋惠公。

人生箴言

> 生亦我所欲也,义亦我所欲也;二者不可得兼,舍生而取义者也。
>
> ——《孟子·告子上》。

成长启示

生命是我想要的,道义也是我想要的。在二者不能同时得到的情况下,就舍弃生命而只要道义。

第四章

为人处事话方圆

中国有句俗语,叫"三分知识,七分人情",即一个人的成功,三分靠知识,七分靠这个人的处世能力。由此可见处世能力,对一个人走向成功是何等重要。

那么怎样处世才好,是"方"还是"圆"? 有的人说是"方"——方正不阿、坚持原则,有的人说是"圆"——圆滑乖巧、八面玲珑。其实,偏重"方"和偏重"圆"都是不恰当的,"方"和"圆"乃是与人相交的不可或缺、不可偏废的两大策略。

先说说"方"。

历史上,忠心耿耿的屈原、刚直无私的包拯、清正廉洁的海瑞、浩然正气的文天祥以及隐居深山不食周粟的伯夷、叔齐等等,都不失为"行方"的典型,也就因为此,而流芳百世。如果一个人方正不阿、坚持原则恰到好处,就会受到人们的钦佩、信任,由此带来一些想不到的好效果。

再谈谈"圆"。

一个恰到好处"行圆"的人,也就是在重要时候讲究变通灵活的人,其人际交往的回旋余地就大,其各方面成功的可能性就大。

为人处世,如果内外都很方正,俨然一君子,其品德固然可赞,但会多遇坎坷,多遭风霜。唐朝时期,位居高官的柳宗元,严正刚直,不畏权贵,抨击官场丑恶,显得锋芒毕露,以致遭到种种打击,最后被逐出京城长安,流放到南方边境。这时,他才有所觉悟:"吾子之方其中也,其乏者,独外之圆者,固若轮焉,非特于可进,亦将可退也。"柳宗元经历了严重挫折后,始认识到:内心方正固然是好的,可缺少的就是圆通。因而,不能进退自如,使自己陷入被动境地。"行圆",有它则会一帆风顺,无它则是逆水行舟。

"方"与"圆",是车之两轮,鸟之两翼,人之左右手,不可偏废,不可或缺。做人,不能光看到"行方"的意义而忽视了"行圆",也不能只看到"行圆"的重要而忽视了"行方"。

我们可以说,在生活中装糊涂不是万能的,但不装糊涂是万万不能的;装糊涂不能解决所有问题,但不装糊涂很多问题也不能解决。

——读书札记

商汤用贤施仁政

包拯说:"帝王之美德莫大于知人。"历史学家范文澜讲:"判断人君贤愚的标准,就是看其能否知人和能否用人。"

商族的先祖是契,契的母亲叫简狄,有娀氏之女,喾帝的次妃。

舜执政时,任契为司徒,因其教化百姓有功,封于商。最早活动于勃海沿岸及河南、河北一带,以玄鸟(燕子)为图腾,喜欢穿白色的衣裳,用兽骨占卜,杀人殉葬。

夏朝末年,夏桀无道。

桀,子姓,名履癸。才智过人,身材魁梧,力大如牛。

桀的劣迹斑斑,主要是失道无礼。他造了高大华丽的倾宫和瑶台,令人民不堪其苦。他的王后妹喜,备受其宠爱。妹喜有个爱好,喜欢听撕烂丝绸的响声,桀没事儿时就撕绸子玩儿,取悦妹喜。

桀的另一力作是造了一个巨大的池子,把酒倒入池中,让唱歌的戏子和身材特别矮小的侏儒聚在酒池旁,唱些靡靡之音。他自己和妹喜坐着彩船在酒池中划来划去看热闹。船中置一鼓,桀亲自击鼓。鼓声一响,跑到酒池边"牛饮"者三千多人。有醉而淹死的,妹喜"笑而为乐"。

为了说服这位少廉寡耻的君王改邪归正,有位叫关龙逢的大臣给桀提了意见。桀龙心大怒,把这位忠贞的大臣给"炮烙"了。

对夏桀的种种倒行逆施,人民恨之入骨,诅咒道:"你怎么还不死呀,我愿与你同归于尽。"

这时,发生了一件让桀尽快垮台的大事。夏桀杀害谏者,商国首领汤派人哭吊被杀的人。夏桀的大臣赵梁为了讨好桀,建议把汤囚禁在夏都(河南巩县境内)的夏台水牢里。汤哪里吃过这般苦,经此折腾对桀恨之入骨。后来汤采用行贿的办法被桀释放了,桀还自作多情地赠送了一些赞茅(祭祀时过滤酒的一种茅草)给汤。

汤可不是好欺负的角色,他开始处心积虑地要扳倒夏桀的统治。

汤获释后,更加注意仁治,恩及禽鸟,大得人心,诸侯国背夏而顺汤者越来越多。

无论是治理国家也好,起兵打仗也罢,人才是关键。汤先后得到仲虺和伊尹两个人才。

仲虺的祖先奚仲在禹帝时是负责造车的官员"车正",这时的仲虺已是薛地(山东滕县南)的一个小诸侯了,他听到夏桀的暴行,也就不顾和夏桀同宗这种亲戚关系了,带着族人来投奔汤。汤喜出望外,用其为左相,参与国政。

伊尹,名挚,出生在伊水(河南伊川)边,后流落到有莘氏(河南开封陈留),为有莘国王的一位厨子所收留。

伊尹出身低微,是有莘氏的奴隶。但他位卑未敢忘忧国,通过对夏桀所作所为的观察,认为他的暴行已经给他自己掘好了坟墓,非亡不可。伊尹看到东方的商国正在勃然上升的势头,决定投奔商汤。

机会来了,商汤向有莘国王提亲,要娶其女儿为妻。有莘氏正好求之不得,爽快地答应了,伊尹趁机请求以陪嫁奴隶的身份去商国,得到的答复是可以。

伊尹到了商国后,以自己在有莘国学到的厨艺,用镶有玉石并镂有花纹的鼎给商汤做饭,色香味美,很得商汤的赏识。后来一谈话,又发现他是位治国的人才。于是,汤便做出个一反常规的大胆决定,用这位奴隶为右相,参与国政。

伊尹被任用后,就充当了间谍角色,为汤往返于河南夏都与山东商国之间,前后五次,为的是侦察夏朝的朝政和社会反响,向汤汇报。

这时,出现了一个意想不到的机会。

夏桀征伐岷山(蒙山有缗氏,在山东金乡),岷山氏忙不迭地将两位如花似玉的女儿琬和琰送给了桀。桀有了新人忘旧人,把原配王后有施氏之女妹喜抛弃了,安置在洛(河南洛阳)。伊尹瞅中这个机会就和妹喜勾搭上了。伊尹本来长了个倒三角脑袋,又黑又瘦,头发散乱,眉毛少得都看不见,说起话来没有底气,小小的个子还直不起腰来,但他能把妹喜勾引得云山雾罩,套得了不少夏朝王宫中的政事机密。伊尹此时对夏王朝的第一手资料了如指掌。

夏桀灭亡的日子看来是相当近了。

为了扫清夏桀的外围,根据了解到的情况,商汤找了些理由把和夏桀关系很好的葛国给灭了。此后又灭了韦、顾、昆吾等与桀关系密切的小国,并停止向夏朝进贡。由于汤实行仁政,所以在汤实施攻伐时出现了一个奇怪的现象:汤打到哪儿,那里的百姓就高兴,而没有攻到的地方的百姓,则有怨言:“怎么还打不到我们这儿呀!”夏桀怒不可遏,召集诸侯于有仍(山东济宁),会盟攻汤,可是诸侯们对他的话充耳不闻。

时机成熟了,公元前 1600 年的一天,伊尹帮着汤率领 72 辆战车(早在夏启时,商部落的祖先契的孙子相土就最早驯马拉车、驮东西)及六千人誓师西征,在鸣条(河南封丘东)与桀的军队大战。

战斗进展得极快,夏桀的军队众叛亲离,立马就土崩瓦解了。

夏桀和妹喜逃到南巢(安徽寿县东南),在准备继续逃跑时,被追上来的商军捉住,囚于南巢之亭山,三年后去世。

临死时,夏桀还死不醒悟,对着他身旁的人吃后悔药:"我后悔没有在夏台将汤杀掉,致有今日。"

人生箴言

临难毋苟免。

——《礼记·曲礼上》。

成长启示

在灾难与危险面前,不要苟且偷生而失去做人的气节。

周文王仁治兴国

领导者所具有的良好品德,是其推行开明政治的基石,而伟大的事业若没有开明政治作为基础,就好比把高大的房子建在一片泥沙之上,而想让它坚实久远,那是绝不可能的。

周文王,姓姬名昌,夏末爵位为伯,有征伐节制其他不服夏王室和失德诸侯的权力,时称西伯(为雍州之伯,在西,故称西伯)。

周文王的先辈有一个良好的家风,那就是脚踏实地,以德服人。

周族的先祖是黄帝,其下为玄嚣(青阳)、娇极、高辛(帝喾)。高辛妻有邰氏女姜原生弃(即后稷)。后稷在尧时为农师,姓姬。所以,一般所讲周的始祖就上溯到后稷。

后稷为了农事而累死在山上(葬于氏国西),子不窋继为农师。"不窋末年,夏后氏政衰",不修农事,不窋便失掉了农师的官位,向西到以游牧为生的戎狄族之间定居下来。不窋死后,其子鞠继为该氏族首领。鞠卒,其子公刘继立。

《诗经》里有一首诗叫《公刘》。诗中讲,公刘是后稷的曾孙,封在邰,被夏人欺侮,便带着百姓到了豳(陕西旬邑一带),豳靠近渭水,他带着百姓察看地形,开垦农田,并用牛耕地(稷之侄叔均始作牛耕),还建造宅所和城池。公刘性情诚厚,教育百姓做事要讲信用。在公刘时期,他的百姓货仓里堆满粮食,投奔他的人越来越多,便又把住的地方扩大到芮河外面。他的人民尊敬他,送给他美玉和刀鞘上嵌玉的佩刀。

周族的兴旺从公刘就开始了。

公刘死后，立其子庆节为首领，定都为豳。

庆节以下的世系为：皇仆、差弗、毁隃、公非、高圉、亚圉、公叔祖类、古公亶父、季历（公季）、昌（西伯）。

周族自古公时迁往岐山脚下定居，即今陕西岐山县东北的平原。他废除戎狄习惯，设置了官位，实际上等于建了国。

西伯昌效法后稷、公刘、古公、公季，以仁爱之心待人，尊老爱幼，礼贤下士。贤能的人来投奔，不等咽下饭就赶忙跑出来接待，所以，有才能的人多数都归顺了西伯。其中有孤竹君的两个儿子伯夷、叔齐，有太颠、闳夭、散宜生、鬻子、辛甲大夫等。

西伯行仁义，许多士子归顺，小国归服，邻国有打官司的也找西伯讲理。曾有两个国家的两伙人找西伯打官司，看到周地的百姓互相谦让，相互帮助，和睦相处，感到非常惭愧，还没等见到西伯就回去了。

商纣王听到西伯昌砥德修政、人心归服的事后，十分忧虑。说："我日夜操劳，和他竞争一番，这个苦我吃不下去。如果不去理他，到头来置我于死地的恐怕就是他了。"

崇侯虎说："周伯昌仁义而善谋，太子发勇敢而不疑，中子旦（周公）恭俭而知时。如果您和他竞争，受苦必多。如果不去管他，离危险就不远了。帽子虽然不太漂亮，但它必定会被人戴到头上。现在趁他羽翼未丰，早一些除掉他就是了。"

另外，崇侯虎还将西伯昌埋怨纣王失德的叹息密告了纣王。

于是，纣王就命令崇商把西伯拘捕，关到羑里（河南汤阴北）的一个半地下室监狱里。

西伯被囚羑里，没事时就演伏羲所创之八卦，发展成六十四卦。

西伯被囚，西伯的臣子散宜生赶紧命人四处搜罗奇珍异宝，得到黄熊、白狼、文马、大贝等物，并物色到三位国色天姿的美女，一齐通过纣王一位贪心的大臣费仲送给纣王，要求释放西伯。

纣王听明了散宜生的来意，一看容光四溢的美女，一张嘴笑得再也合不拢。半晌才挤出两句话来："有此一物足矣，何况多乎。""西伯于寡人何其厚也"。马上就把囚禁了两年的西伯放了，还杀了头牛送给他，给了他征伐不听话的小国的大权，并且把向他告密的老掌柜给卖了，"谮岐侯者，长鼻决耳也"。纣王对散宜生交底了。

散宜生把纣王的话告诉了西伯，西伯根据长相知道这个说坏话的就是崇侯虎。

西伯昌回到周国后，便暗地里寻访贤才，在渭水边碰上了正在钓鱼的姜太公吕望。

吕望原是东夷人，后来在朝歌当过屠夫。他想找一个赏识自己的人，就来周观察。这时的吕望已是七八十岁的人了。西伯看他皓发白眉，心静气闲，先就有几分喜欢。二人攀谈起来，得知吕望曾在朝歌当过屠夫，西伯便问他能屠什么牲畜。吕望道："下屠屠牛，上屠屠国。"

西伯大悦，车载以归。

后来，吕望为西伯出谋，要他像钓鱼那样，用细细的绳子、香香的鱼饵，慢慢地下钩，不要让鱼受了惊。

按照这个办法,西伯便在明地"为玉门,筑灵台,相女童,击钟鼓",以此迷惑纣王。还经常到供奉商朝祖先的庙里祭祀(这件事已为考古所证实),以此博得纣王的好感并使其放心。

西伯昌在世时,虽然没有敢去碰纣王这个硬茬儿,但却把经常诬陷自己的崇侯虎那个崇国及周族西边(其后方)的几个小国给灭了。而西伯昌一方面为周寻访像吕望那样的高士,一方面砥德修政。于是,天下诸侯三分之二归服了周,为他死后武王伐纣打下了坚实的基础。

武王发是西伯昌的二儿子,伯夷考的弟弟,他的大哥伯夷考为救被纣王所囚的父亲,被纣王剁成肉泥做了肉饼。昌死后,发嗣位。

发下定决心推翻商纣的统治,最先是搞了一次军事演习,号召天下诸侯齐集河南孟津。在这次示威中来附和的氏族有 800 余部。

孟津观兵,纣王根本不理不睬,还派大军到东方整顿东夷的秩序。

孟津观兵两年后,发向天下布告纣王重罪,率兵车 300 乘,敢死队 3000 人,披甲的士兵 45 000 人,东进伐纣。

这一天,洛邑东北方的孟津人山人海,战马嘶鸣,兵车一辆挨着一辆。

这次发再次会盟孟津(古称孟津,即会孟的渡口),天下诸侯前来助战者众。

公元前 1046 年 1 月的一个夜晚,人们看到发用车载着父亲的神位(守孝期间),左操黄钺,右秉白旗,率领自己及诸侯的部队,在吕望的协助下,浩浩荡荡,东渡黄河伐纣。

1月20日早上,大军已直抵牧野(河南淇县西南)附近。真个是"牧野洋洋,檀车煌煌"。

商纣王得到消息后,有点措手不及防,匆忙间拼凑了一支七零八落的70万人的队伍,与周军对阵于牧野,这个地方就是纣王离宫朝歌的外围城郊。

纣王的军队不仅是临时拼凑的,而且还拼凑了为数不少的奴隶和囚徒。这些人平时就恨透了纣王,哪里肯为他赴汤蹈火。而发的军队士气正旺,尤其是从巴蜀(重庆、成都一带)赶来参战的部落最为出色,唱着歌,跳着舞,一路冲了上去。

发的军队喊杀声惊天动地,两军阵前,"血流漂杵"。正当厮杀得难分难解时,纣王军前奴隶出身的士兵忽然反戈一击,此即"阵前倒戈"。

这还了得,自家人算计起自家人来了。商朝的军队很快就溃不成军了。周军直指朝歌城下。

商纣王眼见大势已去,十分不情愿地登上鹿台,穿上华美的衣服,将美玉宝器收拢在身边,火烧鹿台,自焚而死。

发推翻了商纣王的统治,建立了周朝,是为周武王,追封其父昌为周文王。

人生箴言

义者,心之养也;利者,体之养也。
——董仲舒《春秋繁露·身之养重于义》。

> "义"是用来养心的,"利"是用来养身的。

赵太后纳劝送子

战国时期,七国争雄,各国之间经常发生战争。公元前265年,秦国出兵袭击赵国。大兵压境,赵国的执政者赵太后急忙派人向齐国请求救兵。哪知齐国国君见赵国来求,态度十分暧昧,对赵国的使臣说:

"让我出兵可以,但赵国要把赵太后最小的儿子长安君送到齐国作质。"

他们明知长安君是赵太后的心头肉,必定不肯送来当人质。这样,他们就有了屯兵不出救赵的托辞。果然,使臣回去向赵太后一说。赵太后立即勃然变色,对大臣们公开宣布:

"谁敢再说把长安君送到齐国作人质一事,老妇一定吐他一脸唾沫!"

边境一天几封告急文书,邻近齐国按兵不救,眼看赵国就要遭到国破家亡的厄运。在国势危难的形势下,赵国老臣触詟决定不顾个人安危,亲自面见赵太后,说服赵太后送长安君作人质,以求齐国发兵救赵。

这天早上，触詟一早就来到王宫，要求朝见太后。赵太后知道触詟说人质一事，便十分不耐烦。触詟进去之后，见赵太后一脸怒气，便慢慢地来到赵太后面前，深怀歉意地说：

"老臣因腿脚不好，不能来拜见太后，已有很长时间了，不知近来太后身体是否康健？"

"还好。你一早跑来，难道仅仅是为了向我问安吗？"赵太后不耐烦地说。

触詟见赵太后脸色稍有好转，便说：

"老臣还有一件私事恳求太后。我的小儿子舒祺，今年已经13岁了，眼看我一天比一天衰老，我想将他托付给太后，叫他在王宫当一名警卫。如能这样，我也死而无憾了。"

赵太后见触詟说的是这事，脸色渐渐好转，说："你们男人也疼爱自己最小的儿子吗？"

"是的，可能舐犊之情还要超过你们妇人。"触詟忙答道。

"你不知道，妇人比男人还疼自己的幼子。"赵太后笑着说。

触詟接着话茬说道：

"我看并不如此，你疼你嫁到燕国的女儿超过疼爱长安君。"

"不对。不对。我最疼爱的是长安君。"

"您要真疼长安君，应当为他的将来考虑。如果没有什么功劳，他的职位再高也不会长久。现在到齐国作人质，正是长安君为国建功立业的好机会，您却不让他为国立功。那么，您一旦离开人世，长安君凭什么在赵国站稳脚跟？所以，我认为您这种疼爱并不是真正疼爱。"

赵太后听到这里，才知道触詟来宫的真正目的，同时也感到触謇所言有情有理,自己不让长安君到齐国作人质,而且还在大臣们面前发了那么大的脾气,实在不对。想到这里,赵太后面有愧色地说:

"触謇,你的劝告使我茅塞顿开。我决心听从您的劝说,为了赵国的安危,也为了长安君的将来,赶快把他送到齐国去吧。"

第二天,赵太后就安排好车辆,将长安君送到齐国作了人质。齐国见赵太后送来了爱子,没有不出兵救赵的借口。于是,尽快安排兵马帮助赵国打退秦国的入侵。

人生箴言

君子义以为质,得义则重,失义则轻,由久为荣,背义为辱。
——陆九渊《与郭邦逸》。

成长启示

君子以道义为重,得到道义的人就受到尊重,丧失道义的人就不值一提;遵循道义是光荣,背离道义则是耻辱。

平原君愧服赵奢

战国时期,赵国有个平原君,名叫赵胜。他同齐国的孟尝君田文、魏国的信陵君无忌一起,被称为战国三贤。

赵惠文王时,平原君受其兄惠文王的委托,掌握着赵国的军政大权。

平原君身为赵相,家中有很多产业。照国家法令,许多产业均应照章纳税。可是平原君的手下管家,法律观念却十分淡薄,经常抗拒缴纳国家赋税。一些税官见平原君权高位重,只好装聋作哑。

这年,赵奢到平原君的封地东武城做了税官。当听说平原君的管家带头拒纳赋税后,十分气愤,便立即统计了平原君拖欠的税额,列出清单,派人送到平原君家中,催促他们尽快纳清赋税。

然而,平原君的这些管家,平日依仗平原君位高权重,根本不把税官放在眼中。这次,尽管税署再三督缴,仍然不理不睬。

赵奢便派人登门催讨,不料惹恼了这些管家。他们拥到税署,大吵大闹,并砸坏了家具,撕坏了税册。赵奢当时怒不可遏,立即带领税署兵士,将平原君管家们打得屁滚尿流,并当场将抓捕的九名首恶,立即依法处死。

逃走的管家们见赵奢动了真格的,急忙逃到都城,向平原君添油加醋诬告赵奢目无宰相,行凶杀人。平原君一听,火冒三丈,大发雷霆,立即派兵包围了东武城税署,逮捕了赵奢等一批税官,并予亲自审讯。

赵奢见平原君亲自审讯,但仍认为自己正义在手,并不畏惧。他义正辞严地历数了平原君管家抗税的恶迹,并责问平原君:

"你身为赵相,放纵家人,抗交国家赋税,该当何罪!"

平原君听赵奢说过事实真相,深深为自己管家的恶劣行为感到羞愧,原先怒气也烟消云散。他抱歉地对赵奢说:

"先生所言,十分有理,倘若天下都像我家抗税不交,国家财政将无法维持。这事尽管非我本人故意抗税,但对家人管教不严,也有重罪。今后,我一定根据先生的指教,严格教育管家,按时依法纳税。今天这件事,还请赵先生多加宽恕,给我一个悔过自新的机会。"

说完,他亲自上前,为赵奢松开绑绳,再三躬身赔罪。

之后,平原君立即吩咐管家,叫他们马上付清所欠税款,并具结悔过,保证今后按时依法纳税。同时,他从这件事中,也深深感到赵奢不畏权势,严肃执法,是国家难得的人才,便把赵奢推荐给文王,提拔赵奢担任了管理全国税务的大官。

平原君以国为重,从善如流,重用赵奢的美德,受到了当时人们的尊重和后代人的景仰。

人生箴言

知人者智,自知者明。

——《老子》第三十三章。

🕊️ **成长启示**

能够了解别人的人是有智慧的人,能够了解自己的人才算是更明智的人。

秦王闻谏留客卿

"千古一帝"秦始皇,曾做过许多民不聊生的坏事。然而,在这个具有雄才大略的人身上,也有许多中华民族的传统美德。"闻谏留客卿"的故事,即表现了他从善如流的美德。

公元前238年,秦王嬴政21岁,开始亲自执掌秦国大权。执政第二年,他就下了一道"逐客"的命令,宣布要把其他六国来秦做官的人全部驱逐出境。

他为什么对六国来秦的人这么深恶痛绝呢?原来,早在秦王亲政之前,韩国为了消耗秦国的人力、物力、财力,以阻止秦国发动侵略韩国的战争,便派了一名叫郑国的水利工程专家来到秦国,劝说秦国开凿河渠,灌溉田地。当时秦国采纳了这个建议,动用了大量的人力、物力修渠开河。可是在沟通泾河、洛河的水渠即将完工的时候,韩国的阴谋败露了。于是,秦国的大臣纷纷对秦王嬴政说:

"各国来的委身事秦的人,多是他们国家派来的间谍,为了秦国不受伤害,大王一定要将这些客卿驱逐出境。"

在这种情况下,秦王对各国客卿下了逐客令。

在秦国做官的楚国人李斯,自然难逃厄运。他看到秦王上任伊始,这等不重视人才,十分气愤。临走时,他含怒写下了《谏逐客书》。在这篇谏疏中,李斯广征博引,慷慨陈辞,先是列举了秦王的先人穆公、孝公、惠王、昭王重用百里奚、商鞅、张仪、范雎等客卿,使秦国由小到大,由弱变强的事实,接着指责秦王重视利用他国出产的物品而不重视利用他国人才的错误,然后陈述拒绝人才的危害。整篇谏疏说得透彻充分,义愤溢于字里行间。

秦王看过《谏逐客书》后,发觉自己犯了大错,连忙派人召见李斯。谁知李斯上完奏疏,连夜离开秦都咸阳。秦王急忙派人策马快追,赶到骊邑(今陕西潼关),才将李斯追回。李斯回到国都后,秦王立即尊为上宾,并当众宣布,废除"逐客令",挽留了大批人才。

秦王收回"逐客令"后,再不歧视从各国来投奔秦国的贤能之士,而且先后将他们委以重任。对待李斯,秦王先是升为廷尉,称帝后又任命为宰相。多年中,他听从李斯的主张,先是离间诸侯,完成了横扫六国、统一天下的大业,然后废诸侯、兴郡县、车同轨、书同文,建立了强大的秦王朝。

人生箴言

知足不辱,知止不殆。

——《老子》第四十四章。

🕊️ **成长启示**

> 知道满足就不会受到屈辱,知道适可而止就不会有危险。

吕岱千里哭诤友

三国时候,吴国皇帝孙权手下有一位叫吕岱的大将。吕岱一生正正派派做人,勤勤恳恳工作,德高望重,政绩卓著,尤其是他闻过则喜的高尚品德,深受人们的称赞。

吕岱经常对人说:"人非圣贤,孰能无过,知过改过就好,知过不改,那就大错特错了。"他是这样说的,也是这样做的。在日常生活和处理官府工作中,他非常喜欢听取别人的建议和批评,勇于改正自己的错误。

吕岱在吴郡做官时,身边有一个随从,名叫徐原。徐原是本地吴郡人,有着强烈的正义感和远大的志向,见解非凡,才华超群,而且为人坦率、慷慨、热情、豪爽。他虽然跟吕岱做随从,但看到吕岱工作中有失误和过错时,总是直言不讳地当面批评。对待徐原的批评,吕岱多是愉快地接受,然后根据徐原的正确意见,处理公务和私事。但有些时候,吕岱不能一下子理解徐原的批评,徐原就公开和他争辩。时间长了,二人之间建立了高尚的友谊,经常在一起

坦诚地交流思想,交换对事物的看法。吕岱常常感慨地对家人说:

"徐原是我难得的净友、益友,有他在身旁,我心里就踏实了。"

徐原对吕岱的过失,不仅当面批评,而且有时背后也同人议论。有一次,徐原正和一些人议论吕岱的功过,旁边有个人如获至宝。他想,我如果把徐原的这些话告诉吕岱,吕岱一定会喜欢我、信任我。于是,他乐滋滋地跑到吕岱面前,故作神秘地悄悄告诉吕岱:

"今有一事报告大人!"

吕岱听了忙问:

"什么事,你快点说!"

这人低声说道:

"你平日待徐原不薄,看他家中贫寒,经常资助他银两、东西,但徐原却忘恩负义,在背后当众说大人的坏话。"

"说我什么坏话呢?"

这人接着把徐原的话重复了一遍。吕岱听后,不但没生气,反而哈哈大笑起来,对这人说:

"这正是徐原尊重我的缘故啊! 徐原是我难得的净友,他能公开地指责我的错处,这是对我真诚的关心、爱护和帮助啊!"

这人看到吕岱如此,自觉没趣,便灰溜溜地走了。

后来,吕岱调任到余姚、长沙等地做官,都把徐原带在身边,让他不时地批评、提醒自己,以使自己及时纠正过失。徐原也是一如既往,对吕岱进行及时的批评。二人之间,形成了良好的上下级关系。后来,吕岱为了让徐原的才志得到充分发挥,积极向孙权推荐徐原。不久,徐原调入吴国都城,做了朝廷侍御史。

又过了几年,徐原在都城建康(今江苏南京)一病不起,溘然长逝。当时远在岭南广州的吕岱,闻此噩耗,不禁悲从中来。几天几夜,他寝食不安,泣不成声,面对着徐原的灵位,边哭边说道:

"我的诤友,我的益友,你不幸过早地逝去了,从今以后,还有谁能经常指出我的过错啊!"

听到吕岱这发自肺腑的话语,在场的人无不感动得落泪。

人生箴言

祸兮福之所倚,福兮祸之所伏。

——《老子》第五十八章。

成长启示

祸难,幸福依侍在其中;幸福,祸难潜伏在其中。

冯谖大智烧债券

"面前的田地,要放得宽,使人无不平之叹;身后的惠泽,要流得久,使人有不匮之思。"(《菜根谭》)

孟尝君田文,是战国时齐国贵族,袭其父田婴的封爵,封于薛(山东滕县南),称薛公,号孟尝君。被齐王任为相国,门下有食客(家养的幕僚)三千人。

孟尝君的门客,各自多多少少都有一些技能,其中最不济事的"鸡鸣狗盗"之徒,还用皮毛之术在秦国救过孟尝君的性命。

这一天,孟尝君照例会见新近来的门客,问他们有何特长,大家都或多或少地给了他一些比较满意的回答。只有一个叫冯谖的也说不出究竟有何特长。于是,冯谖便被安排在无肉吃、无车坐、无法挣钱养家的只有菜吃的三等传舍中(上等代舍,中等幸舍)。

后来,冯谖舞着剑唱歌,埋怨自己没肉吃、没车坐、无法养家糊口的窘况,被孟尝君听到后,把这些问题都给他解决了。

这一年的秋收时节,孟尝君召集门客道:"诸位有准懂得财务会计,替我到薛地收点债务?"

冯谖说:"我能办这件事。"

临出发时,冯谖问孟尝君:"我收完债,买些什么东西带回来?"

孟尝君随口答道:"你看我家里缺什么就买点什么吧。"

冯谖到了薛地,召集所有欠债人核对债券。债券核对完后,便假托孟尝君的命令,决定免去所有债务,并当众烧毁全部债券。百姓被感动得热泪盈眶,都称赞孟尝君的恩德。

冯谖一身轻松地返回齐国都城,向孟尝君复命。孟尝君看冯谖什么东西也没带回来,便问道:"债收完了?"

"收完了。"冯谖道。

"收的钱呢?"

"买东西了。"

"买什么东西了?"

"您说您家里缺什么就买什么。我看您家里什么也不缺,只缺'仁义',就帮您把'仁义'买回来了。"

孟尝君大为不解。冯谖便把收债的过程简要地介绍了一番,并说:"现在薛地的百姓对您的大仁大义称赞不已,这就是我给您买回的'仁义'。"

"嘿!这个人。"生米煮成了熟饭,孟尝君也只得罢了。

一年后,齐王怀疑孟尝君,免了他的相位,让他回到自己的封地。

孟尝君一脸沮丧地乘车向薛地驶去,在距薛地尚有百里之遥的路上,便远远看到闻讯前来迎接的百姓,扶老携幼,夹道欢迎孟尝君,赞扬他的恩德,表达对他的感激。孟尝君满脸的晦气一扫而光,高兴地对冯谖说:"我看到您给我买的'仁义'了。"

古话说:"狡兔三窟。"这件事是冯谖为孟尝君营造的第一窟。后来,冯谖又为孟尝君营造了两窟,一是使孟尝君重新得到齐王的任用,二是使薛地永远免除了齐国王室和宗室的攻伐。

孟尝君的后半生平安无事,多归功于冯谖的远见卓识。孟尝君也通过冯谖的策划,终于求仁得仁,求义得义,成就了战国四君子之一的美名。

人生箴言

> 人无远虑,必有近忧。
>
> ——《论语·卫灵公》。

成长启示

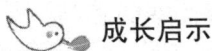

> 一个人如果没有长远的考虑,就必然会有近期的忧患。

韩愈为民请命

　　唐德宗年间,长安地区遇到了几十年未遇的大旱。田地龟裂,禾苗枯萎,大路上积着没脚深的浮土。这里已有半年滴雨未下了。

　　一天,一匹枣红马驰出京城长安。马上坐着一位30多岁,头戴高冠,身着青色官袍的人,他就是当朝御史(专管监察的官员)韩愈,专程去郊县察看旱情的。烈日当空,不一会儿,韩御史便汗流浃背,气喘吁吁了。经过半天的颠簸,他终于来到了郊县的一个小村子。他跳下马,缓步来到地头上。韩愈脸色严峻,眉头紧皱,一位腰背佝偻、面孔黝黑的老农急忙迎上去和他交谈起来。

　　由于韩御史已来过多次,当地百姓和他已很熟识。

　　"韩大人,这可是几十年未遇的大旱呵!"

　　韩愈蹲下边仔细察看枯黄的庄稼,边问老农:"老哥,估计下来能收多少?"

　　"顶多是正常年景的一两成吧。"

　　"那租赋怎么办?"

　　"官府说一粒谷也不能少,老百姓只好卖儿鬻女来完租赋了。"讲到这里,老农声音哽咽,眼含泪花。"韩大人,你要为百姓讲话呵!"

　　韩愈站起来,心情沉重地点点头。他随老农又走访了几户人家,看了他们住的、用的,尝了尝他们锅里的粗糙饭食。最后,他说:"御史是喉舌之官,我一定将灾情如实禀奏圣上。"

回来的路上,韩愈在城门附近看到了一批骨瘦如柴、衣衫褴褛的老百姓。他们被绳子绑成串,跌跌撞撞地由差役赶着走。韩愈问:"这些人触犯了什么刑律?"

"不肯交租!"差役说。

"我们连饭也吃不上,拿什么交租啊!"被拘押的百姓悲凄地说。

差役举起鞭子,恶狠狠地说:"少啰嗦,到官衙再给你们颜色看!"

韩愈再也忍不住了。他匆匆策马回府,拿起毛笔,铺开卷轴,奋笔疾书了一份奏章。

奏章说,长安附近几个县,半年来没落雨。年成怕收不到往年的十分之一,许多百姓被迫卖儿女换口粮,交租税。好多人家已经断炊。"此皆群官之所来言,陛下之所未知也。"韩愈接着又说,京城,是四方的腹地,国家的门面,对京城百姓应该倍加爱护。最后,韩愈建议减免今年长安地区农民的租赋,让人民度过灾年。

奏章写罢,韩愈逐渐冷静下来。他不由得想起这份奏章呈上后可能产生的后果:它会得罪好多人。首先,京兆尹(京城的地方长官)李实就会很不高兴。前几天李实还在唐德宗面前说过"今年虽旱,谷子长得却好"的话,自己这份奏章等于告他"欺君"之罪,而李实在朝廷里有许多支持者。其次还会得罪宦官。这些人在皇帝身边整天说些粉饰太平的话,以博取皇帝的欢心,这份奏章无异于揭穿他们的骗局,而自己又怎能斗过李实和宦官联合起来的力量呢?

他在书房里踱来踱去,思想斗争十分激烈。他无意中看到了墙上的条幅:"苛政猛于虎",这是他当御史时写来自勉的。他想:"国以民为本,民以食为天",身为御史,如果不管黎民百姓死活,不为他们讲话,哪里还谈得上忠君爱国呢?

第二天早朝时,韩愈毅然将奏章呈上。果然,这份奏章像一把火,着实烧痛了朝中的一些大臣,他们群起反对。昏庸的唐德宗生气了,下诏贬韩愈到广东阳山去当县令。

韩愈这种为民请命而不怕贬官的精神值得后世为官者学习。

人生箴言

> 义之法在正我,不在正人。
>
> ——董仲舒《春秋繁露·仁义法》。

成长启示

所谓道义的法则,在于端正自己,而不是端正别人。

刘秀赏封郅郓

公元25年,刘秀在鄗(今河北柏乡北)称帝,同年建都洛阳。有一天,刘秀带领大队人马,浩浩荡荡,到洛阳东郊打猎。

一天当中,刘秀兴致勃勃,不知不觉天已大黑。回到洛阳上东门时,天色已晚,城门早已关闭。刘秀的侍卫只得高叫:

"皇上驾到,快快开门迎接!"

上东门的守门官名叫郅郓,为人非常正直。当听到皇上为了自己尽兴游猎而不顾朝廷禁令,夜呼城门时,非常生气,便站在城楼上回答道:

"根据国家禁令,夜间无紧急情况,一律不开城门!"

之后,任凭侍从在城门叫骂,甚至刘秀亲自解释,郅郓都是坚持执行禁令,闭门不开。刘秀无可奈何,只有绕到中东门才得以进城。

进城之后,刘秀气得七窍生烟,一夜无眠。心中暗暗发恨,只待第二天一早便传旨下去,除掉这个藐视皇帝的上东门守门官。

第二天一早,刘秀还没来得及传旨,便接到了郅郓送来的奏章。在奏章中,郅郓不仅没有认错的意思,反而义正辞严,指斥刘秀的错误。奏章写道:

"皇上把国家政务丢到一边,夜以继日地出城打猎,本身已给全国军民做出了坏样子,犯了大错。更为严重的是,无视国家夜晚不开启城门的禁令,把城防安全丢在脑后,强行夜启城门,更是错上加错……"

满朝文武听说这件事，都不禁替郅郓捏了一把汗，心想这个小守门官，拒开城门已经冒犯了皇威，现在又上书指斥皇帝，只怕他脑袋立刻就要搬家。

谁知刘秀看了这封奏章之后，心中怒火不浇自灭。他深深感到，郅郓批评得十分有理，而且语重心长。自己如不听从郅郓的劝告，一意孤行，势必会给国家带来重大危害。想到这点，刘秀非常懊悔自己的过失，也十分感谢郅郓的指责。于是，早朝时，他便当着满朝文武的面，诚恳地检讨了自己的错误，并且宣布：中东门的守门官，为了讨好皇帝，不顾国家法令，深夜开启城门，应受到追究查办，而上东门的守门官郅郓，严守纪律，理应嘉奖，况且又上书朝廷，批评我的过错，更应受到赏封。故此，赏帛绢100匹，擢升为长沙太守。

满朝文武闻听此言，既对郅郓正直、无私的品德感到钦佩，更对刘秀闻过则喜、从善如流的高风亮节表示钦佩。

人生箴言

> 三思而后行。
>
> ——《论语·公冶长》。

成长启示

凡事要经过再三思考才行动。

孙权烧门求贤臣

三国时吴国大臣张昭,是个两朝老臣,他在孙权面前从来都是直言不讳,获得了孙权的信任,也因此产生了矛盾。有一次,远在辽东的公孙渊派人递降表,孙权一看,高兴极了,马上要派张弥、许晏两人前去拜公孙渊为燕王。张昭听了,马上阻止说:"公孙渊背叛了魏国,怕因此受到征讨,所以才远道来求我们援助,归顺不是他的本意。如果公孙渊改变了主意,打算重新获得魏国的谅解,就会杀人灭口,这两个使节肯定回不来了。那样的话,不是白白送了他俩的性命而叫天下人耻笑吗?"

孙权说出自己这样做的想法,张昭一一加以驳斥。这样反复了几次,张昭一次比一次态度坚决,言辞非常激烈。孙权说不过张昭,觉得面子上过不去,就变了脸,拔出宝剑怒气冲冲地说:"吴国的士人入宫则拜见我,出宫则拜见您,我对您的器重也到了无以复加的程度,可是您却多次在大庭广众之下让我难堪,我真担心有一天会因为不能容忍而杀死了您。"

听了这些,张昭既没慌张又没退缩,他非常镇定地说:"我之所以明知道您并不按我说的做,还满腔热忱地来规劝您,是因为常常想到太后在临终时的嘱咐,叫我精心辅佐您啊!"

说完,老泪纵横,泣不成声。

孙权见状也感到伤心,把宝剑扔到地下,和张昭相对而泣。但是孙权很固执,没有因此就采纳张昭的意见,仍旧派张弥和许晏到了辽东。

张昭见孙权不听劝告，非常恼火，回府以后，就称病在家，不理国事。

孙权对他这样做很生气，干脆派人用土堵住了他的府门，表示永远不再用他为官。

张昭看孙权把他家门堵了，非常气愤。他也不示弱，索性在院里用土封住了门，表示永远不出门为孙权办事。

张弥、许晏按照孙权的意图，来到了辽东，公孙渊果真变了卦，把他们俩给杀了。

孙权万万没想到真让张昭言中了，他很惭愧，觉得对不住张昭，派人运走了堵在张昭门口的黄土，几次向他赔礼道歉，可张昭理也不理。

有一次，孙权从张昭家门口路过，想请他出来当面谈一谈，消除隔阂。张昭推说病势较重不能起床，根本不出来。

孙权几次派人前去，都吃了闭门羹。继续叫门，干脆没人搭理了。

怎么办呢？孙权灵机一动，就派人放火烧张昭府上的大门。他想，大火一着起来，张昭还不往外跑？到那时，自己不就看见他了吗？

孙权觉得自己的主意不错。没想到，张昭看见孙权放火烧门，索性把大门关死，等着大火把他烧死。

孙权一看这招不灵，大惊失色，真怕火着起来把张昭烧死，于是慌忙下令扑火。

在烟火弥漫的大门外，孙权久久地站立着。他回想着和张昭并肩战斗、休戚与共的日日月月,回想张昭为帮助建立东吴呕心沥血、不畏肝脑涂地的件件往事,深恨自己办错了事,伤害了这位股肱之臣一颗火热的心。

他越想越后悔,越想越伤心,事到如今,想进不能,想退不是,真难办啊!

孙权在门口暗暗责备自己,站着就是不走。张昭的儿子一看再僵持下去也太不像话了,就连劝带拉硬逼着父亲出见孙权。孙权一看张昭终于出了门,不禁喜出望外,抢先一步赶上前去,一把扶住了这位白发苍苍的老臣,诚恳地请他到宫中一叙。

张昭来到宫里,孙权向张昭承认了错误,并表示今后要尊重他的意见,搞好君臣关系。张昭见孙权这样诚心诚意,满肚子的闷气顿时一扫而光,就又竭尽全力地协助孙权治理起国家来。

人生箴言

和以处众,宽以接下,恕以待人,君子人也。

——林逋《省心录》。

成长启示

对待民众和气,对待下属厚道的人才是君子。

李世民求谏心切

"闻过则喜"的人其实没有，但当一个人对社会有一种责任感时，就必然会随时征求别人的意见，接受那种正确的批评。一个人如果老是喜欢奉承话，那便和慢性中毒没有什么两样了。

隋朝末年，隋炀帝杨广无道，据说唐朝人给他定的罪状有400多条。"决东海之波，流恶难尽；罄南山之竹，书罪无穷"指的就是他。失道者寡助，天下共讨之，引来了天下汹汹，大家都说要反。《说唐》和《隋唐演义》讲的就是这段故事。

公元611年，隋炀帝第一次进攻高丽的前一年，山东邹平人王薄首举义旗。公元613年，隋炀帝第二次伐高丽时，起义队伍遍及全国，已有130多支、1200多万人。公元616年，各路义军汇为翟让、李密的瓦岗军，窦建德的河北军，杜伏威的江淮军，林士弘的鄱阳军等。后来，隋朝的太原留守李渊也起兵反隋。公元618年3月，罄竹难书其罪的隋炀帝终于垮台了。

隋炀帝被发动兵变的宇文化及、司马德戡缢杀后，公元618年，李渊建立唐朝。各部农民军有的投降了唐朝，有的被唐朝消灭。

公元626年的六月初四，唐高祖李渊的次子李世民采取先发制人的手段发动玄武门之变，杀了早想扳倒自己的太子李建成及其弟李元吉。九日，李渊下诏立世民为太子，主持国务。同年七月，李渊禅位于世民，世民即位，即唐太宗。

李世民在辅助高祖夺得皇位的事业上出力最大，南征北战，屡立战功。他的字也写得漂亮，尤其是"飞白"的手法最为突出，大臣们争他写的字能爬到龙案上去抢。在封建社会的皇帝中，李世民还是善纳忠言出了名的表率，拔了头筹。而和李世民相得益彰的是敢于犯颜直谏的大臣魏征。还有一位重要人物，就是李世民的贤内助长孙皇后，她是一位善于鼓励李世民纳谏的聪明而善良的女人。

魏征早先是太子李建成的冼马，他见秦王李世民功高，曾建议李建成及早除掉秦王。玄武门之变后，李世民指责魏征挑拨他们兄弟的关系，魏征心直口快回敬道："太子早听我的话，不至于死于今日之祸。"李世民见他耿直，就释放了他。世民即皇位后，拜其为谏议大夫。

李世民励精图治，经常把魏征召到寝宫，征求他对朝政得失的看法。魏征则知无不言，言无不尽，而李世民也都能愉快采纳。

魏征貌不惊人，但出语却不同凡响，而且敢于在朝堂上去碰皇帝的雷霆之怒。有一次，李世民在朝堂上被魏征顶得下不了台。散朝回到后宫，见到长孙皇后没头没脑甩了一句话："杀了那个乡巴佬！"

长孙皇后问："杀了谁？"

"魏征！"

"为什么？"

"他敢在朝堂上面红耳赤地顶撞我！"

长孙皇后一声不吭，回寝殿换了一身新衣裳，出来拜见太宗道："恭贺皇上。"

"贺我什么？"太宗不解。

皇后道："妾听说主上贤明，臣下就忠直。如今魏征忠直，敢于斗胆，那是您贤明的缘故啊，故而要恭贺陛下。"

魏征经常劝李世民不要贪玩儿，要勤于政事。有一次，李世民正在臂上架着一只刚刚到手的鹞玩耍，十分喜爱。碰巧看见魏征远远地走来，赶忙藏在怀里。魏征早看到他在玩鹞，便故意没完没了地奏事，结果鹞竟被闷死在太宗怀里。

濮州刺史庞相寿因贪污被罢职，庞相寿说曾在秦王（李世民即皇位前的封号）府工作，太宗便打算让他官复原职。魏征谏道："秦王左右亲近之人很多，如果人人恃宠不法，那还了得。"太宗认为有理，高兴地采纳了他的意见。

贞观六年，太宗准备封禅泰山。魏征恐怕劳民伤财，劝他不要办这个事。太宗果然就不再提这件事了。

一次，太宗问魏征："朕的政事比往年怎么样？"

魏征坦然道："陛下往年以未治为忧，所以德政每天都有更新。如今安于现状，不如往年。"

太宗说："今天的所做所为，就像往年一样，不同在哪里呢？"

魏征答道："陛下贞观之初，唯恐人们不进谏，常引导人讲话，愉快地接受建议。如今虽然勉强听从了，但面带难色，这就是不同。"

贞观十一年（637年）四月，魏征上《谏太宗十思疏》，建议太宗从十个方面反省自己，善始善终，治理好国家。

贞观十七年（643年）正月，魏征因病去世，太宗去吊唁，恸哭罢朝五日。太子在西华堂主持追悼会，命京城九品以上官都去参加葬礼。送葬那天，太宗登上禁苑西楼，目送送葬的队伍。他还亲自为魏征的墓撰写碑文。追赠魏征司空、相州都督,谥号文贞。

后来太宗上朝,环顾满朝文武,再也看不到魏征的影子,感叹道:"人以铜为镜,可以正衣冠;以古为镜,可以见兴替;以人为镜,可以知得失。魏征逝世,朕失去一面镜子呀!"

忠言逆耳,天下没有几个人愿听。但是为了国家和人民,尽量减少执政者的失误,不偏听偏信,勇于听取各方面的批评意见,虽然一时间耳朵根子热些,长久看来那好处是不言而喻的。李世民可以说就是得到了这点好处,因而历史上出现了一个"贞观之治",出现了一个开明盛世,百姓富足,天下太平。

人生箴言

不积跬步,无以成千里;不积溪流,无以成江海。

——《荀子·劝学》。

成长启示

不一小步一小步地累积起来,就不能到达千里远的地方;没有一条条小河汇聚在一起,就不能形成大江大海。

富弼无私助灾民

北宋仁宗时期,青州(今山东青州)知州富弼在大灾之年,救助几十万灾民的事迹,在人民中树立了一座巍巍丰碑。

当时,有个叫石首道的人作了一首《庆历圣德诗》,诗中除赞颂仁宗的清政之外,还热情地赞颂了富弼、范仲淹、韩琦等人的政绩。不料过了不久,石首道遭人诬陷下狱。富弼的政敌见有机可乘,便借题发挥,恶毒地对富弼进行诽谤、攻击。仁宗在不明真相的情况下,将富弼治罪降职。先由朝廷枢密使降为河北宣谕使,继而改任郓州知州,紧接着又贬为青州知州。一些人看到富弼连连降职,也开始对他不信任起来。一时间,流言四起,富弼的处境非常艰难。

在身处逆境的情况下,富弼仍然牵挂着百姓,根本没将个人的荣辱得失放在心上。他到青州上任之后,正巧这年黄河以北发生了大灾。老百姓纷纷背井离乡。向东辗转迁徙,仅到青州境内的就有六七十万人。富弼看到颠沛流离、妻离子散的难民,顿生同情之心。他命令青州各地,不论困难多大,一律要无条件收留、安顿灾民。为解决灾民的吃饭问题,富弼冒着极大的风险打开了国家粮仓,对灾民进行赈济,还说服动员青州的广大百姓捐粮捐衣,救助受难的同胞。为了解决灾民的住宿,他出面亲自协调,妥善地安置了一批又一批灾民。由于他细致、周密的安排,灾民们来到青州,居有室,食有粮,病有所治。逃到邻近县的灾民一看青州如此厚待灾民,也纷纷前来投奔,一时间,在通往青州的大道上,灾民像赶大集一样,络绎不绝。

这时,一些关心富弼的人看到这种情况连忙到州衙去劝富弼:"近年来,您的敌人无事生非,对您进行攻击,现在您这样厚待灾民,更容易招来猜疑和诽谤。一旦给他们留下口实,下一步您面临的灾祸将不堪设想。"

富弼听到这善意的劝告,不仅没有取消安置计划,反而更坚定了救助灾民的决心。他回答说:"现在六七十万灾民处在水深火热之中,我不能为了保全自己而置几十万灾民的性命于不顾。假如,由于我的努力,这些灾民能顺利度过灾年,我个人即使遭再大的罪也心甘。"

此后,他对安置灾民更尽心了,四处奔波,多方协调,常常是腰酸背痛,口干舌燥。

第二年,灾民们先后扶老携幼,依依不舍地离开青州,返回故乡。临走之前,许多人跪在州衙门口,感激富知州救命之恩。然而,富弼却从不接受这种感激之情,他认为自己只不过做了一个知州应该做的事情。

人生箴言

古之君子,其责己也重以周,其待人也轻以约。

——韩愈《原毁》。

🕊 **成长启示**

> 古代的君子，要求自己严格而全面，对待别人也宽容而简要。

孙思邈古道热肠

古道热肠、互帮互助是我们中华民族的传统美德，而医生则在这个基础上又加上了一条"救死扶伤"，要不怎么说是"医者父母心"呢。

孙思邈以前，中国历史上医药学方面的知名人物依次有神农、黄帝、扁鹊、张仲景、葛洪、陶弘景、华佗，而能有理论成果留给后世的只有张仲景、葛洪、陶弘景和华佗等人。张仲景在辨证理论及伤寒病治疗上有一套，华佗的医学理论未见传世，但其"五禽戏"却颇有见地。而葛洪和陶弘景均在药物学方面有所成就。

历史演进到581年，又一位医学家诞生了，他就是孙思邈。

孙思邈生于南北朝结束之际，长于隋唐之间（581 年 ~ 682年），活了一百零一岁。

孙思邈，京兆华原（陕西耀县）人。小时候孙家十分贫穷，周围的老百姓日子也不好过，眼睁睁看着那些生了病没钱医治而死的人，加上切身体会，他心中产生了一个念头："救活一条人命是多么重要啊！人的生命比黄金还要贵重，黄金用钱能买到，可是人的生命是花多少钱也买不到的。"他暗下决心："要好好学医，将来当个医生，为那些没钱看病的人治病。"

为了实现这个愿望，孙思邈认真学习古代的医书，同时还读了许多其他知识性书籍，逐渐有了渊博的学问。

孙思邈给人看病从年轻时代开始，名声是越来越大，连朝廷都知道了，请他做医官，但是孙思邈宁愿在民间为穷人治病，没有应召。

孙思邈为人看病，但凡是穷人，就不收诊费，还免费送药，腾出房子给远道而来的病人住，亲自煎药给他们喝。不管是风雷闪电天，还是雨雪夜半时，只要有人请他看病，他从不推辞，一定赶去救治。

有一次，一个小孩得了尿潴留的病，撒不出尿来，小肚子疼得不行，尿脬快胀破了，找到孙思邈央求他赶紧给治一治。

孙思邈想："尿脬盛不下那么多的尿，吃药怕是来不及了。这种病例的急救过去没有过，怎么办呢？"

正思谋中，正巧邻居家小孩吹葱管玩，孙思邈猛然开了窍，"对，不妨用葱管导尿试试！"他找来一根极细的葱管去掉管尖，小心翼翼地插入病人尿道，再用力一吹，不一会儿，尿果然顺着葱管流了出来，病人的小腹慢慢瘪了下去。孙思邈成了第一个发明导尿术的人。

在行医过程中，孙思邈发现一种现象，穷人多患夜盲症，富人多患脚气病（身上发肿，肌肉疼痛，浑身没劲）。

孙思邈想，穷人富人各得各的病，肯定和饮食有关，不是吃多了什么,就是吃少了什么。他比较两种人的饮食,富人多吃荤腥油腻、精米细粮,而穷人吃的是素食粗粮。脚气病不是吃荤菜造成的,就是吃细粮造成的。仔细一分析,原来粗粮中杂着不少糠麸子,精米白面把这些去得一干二净。后来用米糠麸子及杏仁、吴茱萸等去治,果然见效。他成了第一个治脚气病的人。而他给得夜盲症的穷人吃动物肝脏,果然见效。

孙思邈不仅熟知药性,还擅长针灸。

有一次,一个病人说大腿里有个地方痛得要命,孙思邈便给他针灸,不见效。孙思邈想:"古人讲的300多个穴位以外,难道再找不出穴位来了?"

他决定冲破传统理论,另寻新穴位。他用拇指一边在病人腿上按,一边问病人痛不痛,按到他痛的地方,病人喊了一声:"啊,是!"一针下去,病人的腿不疼了。

按照这次实践,孙思邈提出一个新的治疗法,哪里有病就往那里针灸,这个有病的穴位就叫"阿是穴",这种疗法就叫"以痛取穴"法。

孙思邈广泛收集民间验方,还亲自到五台山采药,加工炮制。到他七十岁时,写成《千金要方》一书。

又过了三十年,孙思邈一百岁时,又把三十年来所积累的方子编成《千金翼方》一书,意思是上本书的辅助或补充,并且把上本书有错的地方更正过来。

孙思邈的两部书,共记药方6500多个,疗效很好。后人尊他为药王,把他经常采药的五台山称为"药王山",山上还建了"药王庙"。

人生箴言

牡丹花好空入目,枣花虽小结实成。

——《增广贤文》。

成长启示

　　华而不实的牡丹花尽管好看,但只能使人饱饱眼福,解决不了早已饥饿的肚子问题;这枣花虽然小,不惹人眼,但结出的果实却实实在在。

杨翥让地三尺

忙过了一天公务,明朝礼部尚书杨翥缓步走出衙门。春天的暖风吹来,使人感到舒适、惬意。他伸伸懒腰,吩咐等在衙门口的佣人:"回府。"佣人们连声应道:"是,老爷。"

杨翥登上轿子坐下。此时,他才感觉到有些疲劳。他微微闭上眼睛,不大工夫,竟进入了梦乡。

忽然,一阵争吵声使他惊醒了。他抬起头,撩起轿子帘向外看。原来是路旁两个中年女人在吵架。吵架的女人一胖一瘦,两个人怒目而视,互不相让。胖女人指着脚下的地喊:"想占我家的地,妄想!"瘦女人同样指着脚下的地,喊:"你家的地? 谁说的? 分家的时候,明明分给我家的,现在怎么会成了你的! 你不是在做梦吧?"胖女人冲上去,一把揪住瘦女人的衣襟,推推搡搡地说:"你说什么? 分家时分给你了? 胡说八道。公公的话我记得清清楚楚,说这片地分给我家。你的脑子让狗吃了?"瘦女人不甘示弱,也伸手揪住胖女人的衣襟,说:"你放开手!"胖女人说:"我不放开! 你不讲理,我饶不了你!"大概轿夫也被吵架的女人吸引住了,脚步越走越慢。

杨翥明白了,这两个女人是妯娌,为争脚下土地而争吵,眼看越吵越烈,快要打起来了。他叹了口气,自言自语说:"唉,这是何苦呢!"他很想停下轿子,下去劝一劝那两个女人,为了一点小事不要争吵不休,更不该动手打起架来。可是他的身份,又使他打消了下轿的念头。是啊,作为当今礼部尚书,怎好为妯娌打架而抛头露面呢!

轿前开道的人正要去呵斥那两个吵架的女人时,突然从屋后跑出一个中年男子,他一把拉住胖女人,说:"受了什么魔,疯疯颠颠与人家争吵? 真不像话! 快放手!"胖女人放开手。那男子瞪了胖女人一眼,说:"快回家去。"胖女人悻悻地转身离去。那男子又向瘦女人说:"嫂子,请原谅她,她做得不对。不管当初爹活着的时候怎么说的,这块地您尽管用。"那瘦女人望着连连道歉的男子,忽然"呜呜"地哭了起来,说:"好兄弟,我不是要争这块地,我是要争这口气呀! 其实,用不用这块地,没什么要紧。只怪我心眼儿小,与弟妹争吵,望兄弟不要见怪。"那男子点点头,说:"自从哥哥病逝以后,嫂子拉扯着侄儿们,也不容易。嫂子不要再说了,这片地您用吧!"听到这里,杨翥掀开轿帘,对开道的下属说:"往前走,不要管他们了。"看到那个大度豁达的男子,杨翥心中称赞说:"好! 好!"

又走了半里路,杨翥到了家。他先到书房歇息了一会儿,等待吃饭。不大工夫,夫人走进书房。杨翥抬头,笑着问:"夫人来请我吃饭?"夫人摇摇头,说:"饭还没有做好。老爷,我有事相告。"杨翥说:"夫人请讲。"夫人向前走了几步,说:"本来不想将这些杂事告知老爷,可此事不讲,又觉不妥。大概是因为春天到来,许多人家动土,或种植,或修建。咱家西侧邻居今日修了一条篱笆,占去了咱家宅地一二尺。"听到此处,杨翥笑了,心中说:"真是巧合,今日路上亦遇到此类之事。"

夫人接着讲:"按说,邻人多占我家宅地是不对的,可是,可是——""可是什么?"夫人犹豫了一会儿,说:"我意思是说,区区一二尺地,我们就不去计较了,不知老爷以为如何?"听了夫人的话,杨翥笑了,说:"夫人所言甚是,我赞成。"夫人也笑了,说:"我看出来了,你又要诗兴大发,写新诗了。"

杨翥点点头,说:"夫人猜中了,我有四句诗,待我写来,请夫人指教。"

说罢,杨翥提笔铺纸,写下了四句:

> 余地无多莫较量,一条分作两家墙。
> 普天之下皆王土,让他三尺又何妨。

人生箴言

爱惜精神,留他日担当宇宙;蹉跎岁月,尽此身污秽乾坤。
——《格言联璧·学问类》

成长启示

要珍惜自己的精神,留待将来担当大业;让时间白白浪费,这样一生,便玷污了大地乾坤。